Jorge Marulanda

Materiales de Construcción

Jorge Marulanda

Materiales de Construcción

Características y usos

Editorial Académica Española

Publisher:
Editorial Académica Española
is a trademark of
International Book Market Service Ltd., member of OmniScriptum Publishing Group
17 Meldrum Street, Beau Bassin 71504, Mauritius

Printed at: see last page
ISBN: 978-620-2-16347-7

MATERIALES DE CONSTRUCCION

Jorge Marulanda

Contenido

INDICE DE CUADROS Y FIGURAS

INTRODUCCION

Los materiales son las sustancias con características determinadas que componen cualquier cosa o producto. Desde el inicio de la civilización, los materiales junto a la energía han sido utilizados por el hombre para mejorar su condición. Las primeras edades en las que se clasifica la historia llevan sus nombres, de acuerdo al material desarrollado, que significó una época en la evolución. La edad de piedra con las primeras herramientas y armas para cazar fabricadas en ese material, la edad de bronce en la que se descubre la ductilidad y multiplicidad de ese material, seguida de la edad de hierro en la que éste reemplaza al bronce por ser un material más fuerte y con más aplicaciones.

Los productos de los que se ha servido el hombre a lo largo de la historia para mejorar su condición de vida o simplemente para subsistir, han sido y son fabricados a base de materiales. Se podría decir que están a nuestro alrededor y que de ellos depende, en gran parte, la existencia del hombre. Existen muchos más materiales de los que se utilizan día a día, más de los que se ven en las ciudades o los que se utilizan en nuestro quehacer diario.

Dada la variedad de materiales con que se cuenta y, tomando el factor económico como parámetro en la decisión final para determinar el tipo de materiales a utilizar en un determinado proyecto, es beneficioso tener bases de comparación de varios materiales. Esto hace posible seleccionar un determinado material con las especificaciones necesarias y a un monto económico adecuado a los parámetros que regularán el proyecto. Los cursos de Materiales de Construcción proporcionan a los estudiantes y profesionales del área, los conocimientos teóricos necesarios para la toma de decisiones en estos aspectos.

Debido a la necesidad de la actualización del estudio de los Materiales de Construcción en Honduras se elaboró este documento, el cual integra elementos del contenido del curso de Materiales de Construcción con el análisis del estado actual de los materiales de construcción en el país. Mismo que podrá ser de utilidad, tanto para estudiantes como para profesionales, por cuanto en él se plantean diversos conceptos relacionados con los materiales utilizados en el país y se contemplan los factores que a nivel profesional se deben conocer para el uso adecuado y optimización de los materiales de construcción.

Desde el comienzo de la civilización, los materiales junto a la energía han sido utilizados por el hombre para mejorar su nivel de vida. El estudio de los materiales es de suma importancia tomando en consideración que éstos son insumos para la elaboración de productos y para la construcción de infraestructura. Los materiales, comúnmente, encontrados en Honduras, son: madera, concreto, ladrillo, acero, pvc, vidrio, aluminio, bloque y adobe, existiendo muchos más tipos. Debido al progreso de los programas de investigación y desarrollo, se están creando, continuamente, nuevos materiales, con características que dan respuesta a las demandas actuales.

La producción de nuevos materiales y el procesado de éstos hasta convertirlos en productos acabados constituyen una parte importante de la economía actual. Los ingenieros diseñan la mayoría de los productos facturados y los procesos necesarios para su fabricación y puesto que la producción necesita materiales, **los profesionales deben conocer de la estructura interna y propiedades de éstos, de modo que sean capaces de seleccionar el más adecuado para cada aplicación** y, también, ser capaces de desarrollar los mejores métodos de procesado.

Los aspectos centrales que considerar en el estudio de materiales son sus propiedades y características generales y los tipos principales de materiales de construcción, actualmente, utilizados en el país. Estos se clasifican según su función específica y se requiere descubrir sus propiedades mecánicas, físicas y químicas, así como, también, su adecuada aplicación en la construcción.

Debido a nuestra cultura, existen muchos materiales que, por tradición, por características de puesta en obra y facilidad de manipuleo se han venido utilizando por años. El ingeniero actual y del futuro tiene el desafío de comprender estos aspectos y las características de dichos materiales para su adecuado uso, relacionando los nuevos métodos constructivos con los materiales y métodos tradicionales del país.

OBJETIVOS

General

Aportar un conocimiento integral de las propiedades y características de los materiales utilizados en la construcción.

Específicos

1. Dar criterios para establecer requerimientos de los materiales, definir la calidad de estos y formular especificaciones, incluyendo conocimientos del proceso de normalización.

2. Proporcionar elementos para evaluar y escoger materiales en situaciones específicas y de acuerdo a las condiciones de servicio exigidas, incluyendo el conocimiento de los métodos de ensayo y evaluación de la calidad de los materiales tradicionales y de los criterios que rigen el control y auditoria de calidad.

3. Proporcionar una información descriptiva de las propiedades, características y usos de los principales materiales de construcción utilizados localmente.

4. Contribuir a la comprensión de la necesidad e importancia de la realización del proceso constructivo y del desarrollo de tecnologías adecuadas al medio, principalmente, en cuanto al mejoramiento de los materiales tradicionales y el desarrollo de nuevos, basado en recursos locales.

5. Hacer un análisis comparativo de costos entre los materiales tradicionales y materiales alternativos.

JUSTIFICACION

Los profesionales del área de la construcción, sobre quienes recae la responsabilidad del desarrollo de la infraestructura del país y, como parte importante de ésta, el conocimiento de los materiales de construcción que realmente se utilizan en nuestro país. La importancia del conocimiento sobre Materiales de Construcción se hace cada vez más notable en nuestro entorno y es necesario contar con un documento de respaldo.

La investigación es necesaria para encontrar nuevas opciones en la solución de problemas, pero cobrará sentido el trabajo de investigación que se pretenda realizar, sólo si se pone a la disposición de aquellos que pueden aprovechar estos conocimientos, por lo que el documento propuesto es de importancia como una referencia bibliográfica tanto para el estudiante de Ingeniería Civil, como para los profesionales, dado que integra información sobre los diferentes materiales de construcción utilizados, actualmente, en Honduras y las especificaciones de los mismos. Adicionalmente, su contenido aportará para adecuar el tipo de material a utilizar en una determinada obra civil.

Por otra parte, los problemas y daños al medio ambiente son cada día más palpables, por lo que el uso de sistemas constructivos y materiales adecuados, en cada una de las etapas que comprende una construcción, se está haciendo cada vez más indispensable; en Honduras, alrededor del 70% de su población es de carácter rural, campo en el que el profesional de la construcción aún no ha sido muy empleado, y donde, el mismo podría dar un aporte muy significativo para el adecuado desarrollo urbano/ constructivo de las comunidades.

Por lo tanto, el reto a superar por la industria de la Construcción, en cualquiera de sus tipologías, sigue siendo fundamentalmente el empleo de materiales de construcción de bajo impacto ambiental, dado que son estos los que más repercuten sobre el medio natural, sin descartar otros impactos relacionados con el consumo de energía o los residuos.

Es necesario señalar que, por lo que atañe a Honduras, aún se encuentran en fase embrionaria los criterios o parámetros de sostenibilidad ambiental aplicados a la Construcción en general, y a la edificación en particular, relativos al empleo de materiales con menor impacto ambiental para su uso en la edificación con alta eficiencia energética, durabilidad, recuperabilidad y recursos renovables. De hecho, sorprende el poco interés existente entre los actores intervinientes en el proceso edificatorio, tanto del sector privado como del público, para facilitar el uso de materiales de construcción con menor impacto ambiental y mayor capacidad para ser reciclados, empleando técnicas de eficiencia energética en las construcciones y fomentando la gestión adecuada de los residuos.

Los materiales de construcción, con el transcurso de los años han sufrido diferentes etapas de transición, así como la humanidad y el mundo de las maquinas, de esta forma resumiremos diferentes esquemas sobre materiales de construcción más utilizados y con grandes ventajas y desventajas para la construcción tanto de pequeños proyectos como obras de gran tamaño.

construir con diferentes y variados tipos de elementos en los cuales están los metales y no metales, cementos, ladrillos, piedras, arenas, materiales tradicionales y actualizados, inclusive los no convencionales para la construcción, sus sistemas de cocción y los diferentes procesos y el acompañamiento de diferentes productos para su adecuado funcionamiento, tales como adhesivos, selladores, aditivos para concreto, materiales geotécnicos, etc.

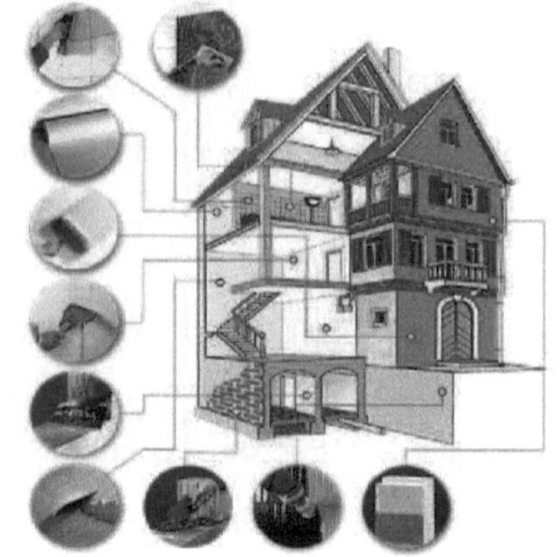

Figura 1. Materiales de construcción en una obra.
Fuente: http://html.rincondelvago.com/materiales-de-construccion_28.html

la importancia de los **materiales de construcción** ha sido implementada y sometida a diferentes cambios tanto sociales y económicos con el transcurso de los años y en la implementación de diferentes culturas, sociedades, regiones y mundos tanto modernos como antiguos, estos han proporcionado e implementado la forma de vida de diferentes personas que subsisten de la construcción; los arreglos de diferentes tipos de infraestructuras y la reorganización de variados sistemas de producción a nivel global, los materiales más empleados para la construcción son, el cemento, la arena, la grava, hierro, metales, tierras, madera, otros aglomerantes, pegamentos, mixtos, flejes, alambres, vidrios , pinturas,   materiales artificiales no convencionales para este rubro, y muchos elementos que hacen parte del mundo de la construcción

Adicionalmente al ingenio de diferentes profesionales de la construcción , técnicos, titulados a nivel mundial sobre la construcción, cabe anotar la gran destreza de algunos materiales simples como cintas adhesivas, cementos de menor categoría, siliconas y otros diminutos como cintas transparentes de aislamiento y de fuerza para detener materiales que se caen desde las aturas, sin embargo hay diferentes cualidades entre los **materiales de construcción** y lo materiales desechables construidos con cartón los cuales no proporcionan seguridad.

Por otro lado [1]La Construcción Sostenible aspira a satisfacer las necesidades actuales de vivienda, entornos de trabajo e infraestructuras sin comprometer la capacidad de las generaciones futuras de satisfacer sus propias necesidades. Incorpora elementos de eficiencia económica, desempeño ambiental y responsabilidad social y contribuye a en mayor medida cuando considera también la calidad arquitectónica, la innovación técnica y la posibilidad de transferir los resultados.

La Construcción Sostenible implica materias tales como el diseño y la gestión de edificios, eficiencia de materiales, técnicas y procesos constructivos, eficiencia energética y de otros recursos, operación y mantenimiento del edificio, productos y tecnologías, monitorización a largo plazo, respeto a normas éticas, entornos socialmente viables, participación ciudadana, seguridad y salud laboral, modelos financieros innovadores, mejora de las condiciones del entorno, interdependencias del entorno construido con las infraestructuras y el paisaje, flexibilidad en el uso, funciones y cambios del

---

[1] Construcción sostenible , Capítulo 1: Introducción a la construcción sostenible

edificio, diseminación de conocimientos en los ámbitos académicos, técnicos y sociales.

La innovación en la construcción representa una oportunidad para incorporar **materiales fabricados de manera más respetuosa con el medio ambiente**, bien porque hayan consumido menos recursos, bien porque hayan generado menos emisiones, residuos o vertidos, pero también para incorporar equipos y sistemas más eficientes. Así mismo permite la utilización de mejores técnicas constructivas capaces de conseguir construcciones más económicas o de realizar proyectos que no eran técnica o económicamente viables hasta ahora.

Figura 2. Acciones que involucran Construcción sostenible

Fuente: http://www.florconstructores.com/sostenible.html

Mal uso de materiales para la construcción causa de problemas respiratorios y enfermedades crónicas[2]

"La Académica de la Ibero señaló que al conjunto de enfermedades causadas por una inadecuada selección de materiales para la industria de la construcción se le conoce como "síndrome del edificio enfermo"

Existen otras causas adicionales que contribuyen al desarrollo de enfermedades originadas por el mencionado síndrome, tales como: carencia de luz natural, ventilación deficiente, la acústica y el diseño de los muebles

"Con la finalidad de que los edificios no sigan contribuyendo con el cambio climático, es pertinente que los materiales sean locales o se produzcan cerca de las zonas donde se llevan a cabo las construcciones. Estudios recientes señalan que el uso de algunos materiales utilizados tradicionalmente en la industria de la construcción, como **pinturas, barnices y selladores, contienen un elevado número de componentes químicos que volatilizan en el ambiente.**

Este tipo de productos pueden ser factor de problemas respiratorios, resfriados frecuentes, mareos, alergias y enfermedades crónicas, explicó la maestra **Carolyn Aguilar Dubose, directora del Departamento de Arquitectura de la Universidad Iberoamericana.**

La académica señaló que al conjunto de enfermedades causadas por una inadecuada selección de materiales para la industria de la construcción se le conoce como **"síndrome del edificio enfermo",** *y se origina por diversos factores como una mala ventilación, descompensación de temperaturas y suspensión en el aire de partículas de origen químico.*

Asimismo, destacó que **existen otras causas adicionales que contribuyen**

---

al desarrollo de enfermedades originadas por el mencionado síndrome, tales como: carencia de luz natural, ventilación deficiente, la acústica y el diseño de los muebles, entre otros factores.

*Otro aspecto a considerar, mencionó Aguilar Dubose, es que la construcción, operación y mantenimiento de edificios con **prácticas deficientes en su diseño y construcción son causantes en 60 por ciento de las emisiones de dióxido de carbono a la atmosfera**, que posteriormente contribuyen al cambio climático global.*

Además, dijo que tanto los edificios como las vialidades y las infraestructuras, crean una capa no permeable que impide la infiltración de agua de forma natural a los mantos acuíferos, al tiempo que forman ondas de calor provocada por la captación y el reflejo de la radiación solar sobre las superficies.

*La académica agregó que **la mala planeación en la selección de los materiales, así como la radiación solar que cae sobre el concreto o mampostería de los edificios se irradia y disuelve en el ambiente y esto contribuye a la generación de las denominadas islas de calor** (acumulación y reflejo de radiación solar en las zonas urbanas), lo que puede alterar los diversos climas regionales.*

Al ser cuestionada sobre el uso de materiales recomendados en la industria de la construcción en el país, Aguilar Dubose dijo que este es relativo al ecosistema donde se construyan las edificaciones. "Tan solo en un trayecto de la ciudad de México (altiplano) al estado de Veracruz (manglar) existe un total de diez ecosistemas sin contar los diversos ecotonos (zonas donde limitan dos ecosistemas).

*La experta mencionó que **con la finalidad de que los edificios no sigan contribuyendo con el cambio climático, es pertinente que los materiales sean locales o se produzcan cerca de las zonas donde se llevan a cabo las construcciones**, puesto que el transporte de materiales implica contaminación ambiental.*

Finalmente, Aguilar Dubose mencionó que aunque algunos insumos en la construcción son denominados "verdes" o "amigables para la salud", en ocasiones estos títulos son predominantemente mercadológico.

Los avances en los estudios de la arquitecta Carolyn Aguilar Dubose sobre el uso adecuado de **materiales verdes en la construcción han redundado en la elaboración de una guía completa de insumos recomendados para la industria de la construcción** *en diversas partes del país".*

Ejemplo de materiales usados en la construcción
Fuente: elaboración Propia

MARCO TEÓRICO

Situación actual en el rubro de la construcción en el país.

Sector construcción de Honduras solo crecerá 4.5% en el 2013[3]

De acuerdo a un informe, este rubro nacional es uno de los que menos crece en la región, comparado con el 13% del resto de Centroamérica.

San Pedro Sula, Honduras

La industria de la construcción hondureña figura entre las de menor crecimiento en Centroamérica, según muestran informes de organismos regionales del sector, que además muestran un estancamiento en el país. En la reunión de la Organización Regional de Cámaras de la Construcción de Centroamérica y el Caribe (Ordeccca), efectuada a mediados de este mes (julio 2013) en Nicaragua, se hizo público un informe que analiza el desempeño del sector construcción a nivel regional hasta el año anterior, así como una proyección de lo que pueden traer el 2013 y 2014.

El documento resume que el crecimiento de la construcción en Centroamérica en 2013 se mantendrá a un nivel similar al del año pasado, es decir, en torno al 26%, mientras que para el 2014 se prevé un marcado retroceso hasta un 13.4%. Otro aspecto destacable

---

[3] http://wap.laprensa.hn/Secciones-Principales/Economia/Economia/Sector-construccion-de-Honduras-solo-crecera-4.5-en-el-2013#.UpOLxyeymZQ

del informe es que mientras en Costa Rica la construcción alcanzó el año pasado la cifra de 6 millones de metros cuadrados, Honduras apenas reportó 900 mil metros cuadrados, una cifra solo superior a la de El Salvador (800 mil metros cuadrados). Por otra parte, Nicaragua y Panamá muestran saludables desempeños, con cifras en torno al 30% de crecimiento; en contraste, se calcula que para este año la expansión para Honduras será de 4.5%, mientras que la perspectiva para el próximo año prevé un retroceso hasta el 2%.

Según el documento de la Ordeccca, Honduras y Nicaragua poseen los mayores déficits habitacionales, con 409 mil y 411 mil unidades, respectivamente. El subsector de infraestructura carretera también muestra un desempeño precario, pero a pesar de que muchas de las carreteras hondureñas se encuentran en pésimo estado, el país registró el año pasado el segundo menor consumo de barriles de asfalto en la región, con 176 mil. En comparación, Panamá consumió 1.2 millones.

Quizá el único aspecto positivo para Honduras es que, según las estadísticas de Ordeccca, el precio de la bolsa de cemento que se compra en el país es el más barato del istmo, con un precio promedio de $8.1 contra $9.3 en Guatemala, que presenta el precio más caro de la región.

Desaceleración

Silvio Larios, gerente general de la Cámara Hondureña de la Industria de la Construcción (Chico), atribuye el bajo crecimiento a la desaceleración que se ha producido tras la conclusión de grandes proyectos comerciales, la escasa inversión en obra pública y el retraso en algunos proyectos importantes, sobre todo hoteleros, por causa de las Condiciones socioeconómicas del país. "El sector construcción ha tenido un retroceso de 4% en el primer semestre del año", señaló Larios.

A estos problemas se suma la deuda que el Gobierno mantiene con los constructores, que, según cálculos de la Chico, aún es de L350 o L380 millones. "La construcción ha estado dependiendo de la construcción comercial y en menor medida, de la vivienda", observó Larios. Sobre este último sector, el empresario del rubro William Hall dijo que, pese a los L4,000 millones canalizados a través del Banco Hondureño de la Producción y de la Vivienda (Banhprovi) hacen falta "los incentivos financieros, porque una vivienda es un compromiso que hace un comprador a 20 años, y en medio del desempleo que hemos estado viviendo en el país son muy pocos los compradores que tienen interés en hacer una inversión a tan largo plazo". Hall indicó que la cantidad de metros cuadrados construidos en 2012 es similar al de 2002, es decir, que la construcción ha retrocedido a niveles de hace 10 años.

Cifras

4% Calcula la Chico el retroceso anual de la obra pública desde 2010. **L5,000** Millones estiman los constructores será la inversión pública para este año. **125,000** empleos generan la industria de la construcción, según la Chico.

La arquitectura sostenible o la construcción amigable con el medio ambiente, es un tema que ha cobrado importancia en las últimas décadas. [4]La Construcción Sostenible se puede definir como aquella que teniendo especial respeto y compromiso con el medio ambiente, implica el uso eficiente de la

---

[4] La construcción sostenible, **Aurelio Ramírez,** *residente del Consejo de la Construcción Verde, España*

energía y del agua, los recursos y **materiales no perjudiciales** para el medioambiente, resulta más saludable y se dirige hacia una reducción de los impactos ambientales.

En el país, poco se conoce o se trata el tema del adecuado uso de los materiales de construcción en cada una de sus etapas, los aditivos usados actualmente y el correcto uso para la protección del medio ambiente. Donde las organizaciones gubernamentales, consideren la puesta en marcha de una reglamentación o elaboración de un a Código Técnico de la Edificación para las construcciones, en el cual se establezca un régimen de aplicación y se definan los criterios Básicos de sostenibilidad ambiental o construcción sostenible.

Se deben de tomar las medidas necesarias para controlar y regular el adecuado uso de los materiales y técnicas de construcción, así como prever la protección del medio ambiente, a través de medidas legislativas y técnicas, para la construcción sostenible. La cual aspira a satisfacer las necesidades actuales de vivienda, entornos de trabajo e infraestructuras sin comprometer la capacidad de las generaciones futuras de satisfacer sus propias necesidades. Incorpora elementos de eficiencia económica, desempeño ambiental y responsabilidad social y contribuye en mayor medida cuando considera también la calidad arquitectónica, la innovación técnica y la posibilidad de transferir los resultados.

De no tomarse dichas medidas los efectos negativos al medio ambiente serán cada vez más notables e impactantes en la vida de las personas y de las construcciones en sí, ya que La construcción tiene notables impactos ambientales en cuanto a consumo de recursos naturales y energía o emisión de gases de efecto invernadero, de ahí la necesidad de considerar la dimensión ambiental como clave en un enfoque de construcción sostenible. [5]La construcción es responsable de más del 40% de los recursos naturales, más de un 30% del consumo de energía y más de un 30 % de las emisiones de gases de efecto invernadero. Además, es también responsable de una parte significativa del consumo de madera y de agua en el mundo.

La razón de esta huella ecológica tan considerable hay que buscarla en los impactos ambientales ligados al proceso de construcción, desde la fabricación de materiales pasando por la operación del elemento construido y finalizando con la fase de demolición, según se muestra en la siguiente figura.

Figura 3. Impactos ambientales ligados al proceso de construcción

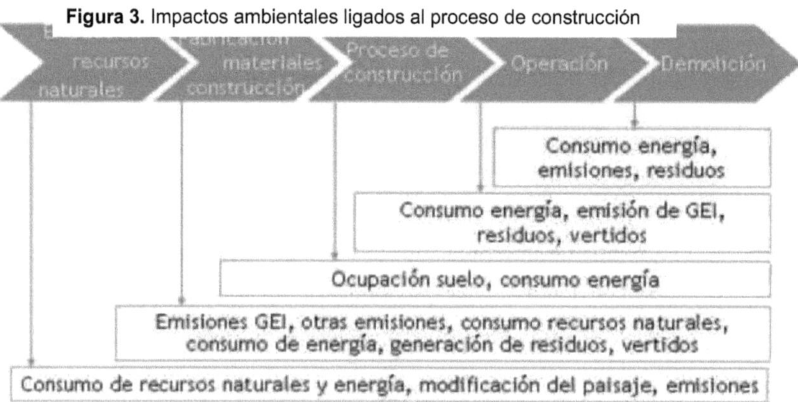

Fuente:
http://www.eoi.es/wiki/index.php/Construcci%C3%B3n_sostenible_en_Construcci%C3%B3n_soste
nible

---

[5] ttp://www.eoi.es/wiki/index.php/Construcci%C3%B3n_sostenible_en_Construcci%C3%B3n_sostenible

I. LOS MATERIALES DE CONSTRUCCIÓN A LO LARGO DE LA HISTORIA[6]

1.1. Edad de Piedra

La Edad de Piedra es el período durante el cual, los seres humanos crearon herramientas de piedra debido a la carencia de una tecnología más avanzada. La madera, los huesos y otros materiales también fueron utilizados, pero la piedra (en particular el pedernal) fue utilizada para fabricar las herramientas y armas de corte. El rango de tiempo que abarca este período es ambiguo, disputado y variable según la región en cuestión. Aunque es posible hablar de un período general, denominado la Edad de Piedra para el conjunto de la humanidad, no hay que olvidar que algunos grupos humanos nunca desarrollaron la tecnología del metal fundido y por lo tanto quedaron sumidos en una edad de piedra hasta que se encontraron con culturas tecnológicamente más desarrolladas. Sin embargo, en general, se cree que este período comenzó en alguna parte del mundo hace 2 y 5 millones de años, con la aparición de la primera herramienta humana (o prehumana).

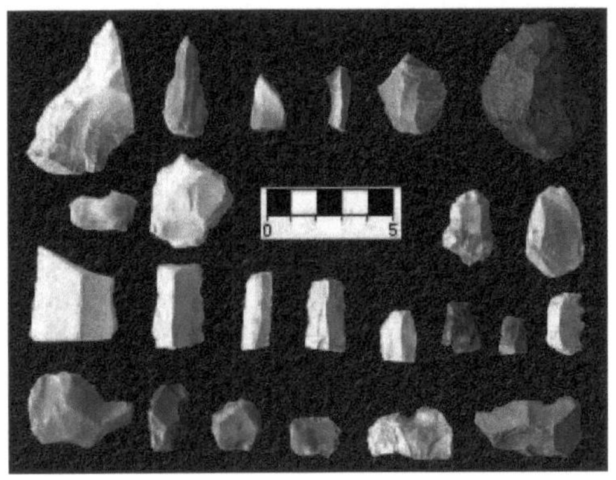

Materiales usados en la Edad de Piedra
Fuente: http://www.arte-sur.com/silex.htm

---

[6] ASKELAND, Donald D. La Ciencia e Ingeniería de Materiales. Edición 3. Editorial Ibero.

Este período fue seguido por la Edad de Bronce, durante el cual, las herramientas de bronce llegaron a ser comunes; esta transición ocurrió entre los 6000 y 2500 A.C. Tradicionalmente se viene dividiendo esta Edad en Paleolítico, con un sistema económico de caza-recolección y Neolítico, en el que se produce la revolución hacia el sistema económico productivo: agricultura y ganadería.

1.2. Edad del cobre

Se denominó calco al cobre, de aquí que el calcolítico sería la época prehistórica correspondiente a la Edad del Cobre. Es una fase intermedia entre la Edad de la Piedra Pulimentada o neolítico y la Edad de Bronce. Se reserva esta denominación para algunas culturas, que presentan rasgos claramente diferenciados, en el periodo entre el 2.500 y el 1.800 a.C., paralelamente entre el neolítico y la Edad de Bronce.

El bronce es una aleación de cobre y estaño. El cobre fue el primer metal que utilizó el ser humano y lo hizo hace aproximadamente 5000 años, a finales del Neolítico. En la Península Ibérica el uso del cobre se generaliza hace 4000 años, coincidiendo con las construcciones megalíticas.

Otra cultura característica del Calcolítico es la de ornamentación por cuerdas originaria del Norte de Europa. Ambas culturas se desplazaron de sus primitivos asentamientos y emigraron, quizás empujados, hacia Europa (Francia y Alemania).

Instrumentos usados en la Edad de cobre.
Fuente: https://sobrehistoria.com/prehistoria/

1.3. Edad del bronce

La Edad del Bronce es un período en la civilización en que se desarrolló en metalurgia el empleo de este metal, resultado de la mezcla de cobre y estaño. Fue inventado en oriente medio hacia el IV milenio A.C. sustituyendo al Calcolítico, aunque en otros lugares esta última edad fue desconocida y el bronce sustituye directamente al período Neolítico. En el África negra, el Neolítico es seguido de la Edad de Hierro. La fecha de adopción del bronce varía según las culturas:Asia central el bronce llega alrededor del 2000 A.C. en Afganistán, Turkmenistán, e Irán. En China, lo adopta la dinastía Shang.

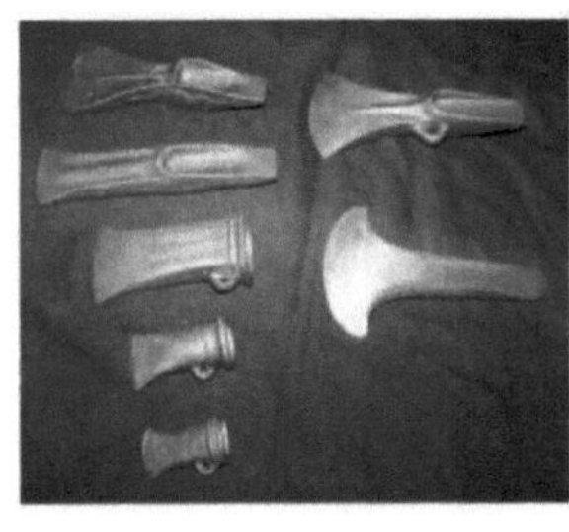

Objetos fabricados en la "Edad de Bronce"
Fuente:
https://www.monografias.com/trabajos107/materiales-ingenieria-y-su-identificacion/materiales-ingenieria-y-su-identificacion.shtml

1.4. Edad del hierro

La Edad de hierro se refiere al período en que se desarrolló la metalurgia del hierro. Este metal es superior al bronce en cuanto a dureza y abundancia de yacimientos. El empleo correcto de este mineral comienza en el II milenio, los hititas fueron el primer reino organizado que controló su producción.

La expansión del conocimiento sobre el uso del hierro se produce probablemente desde Irán a través del Cáucaso. Esta edad trae cambios importantes, pues los imperios orientales se debilitan, mientras que los centros de poder se desplazan hacia occidente.

Así pues, la Edad del Hierro viene caracterizada por la utilización del hierro como metal, aplicación importada de Oriente a través de la emigración de tribus indoeuropeas (celtas), que a partir del 1.200 a.C. empiezan a llegar a Europa Occidental y su período alcanza hasta la época romana y en Escandinavia hasta la época vikinga (alrededor del año 1.000 D.C.).

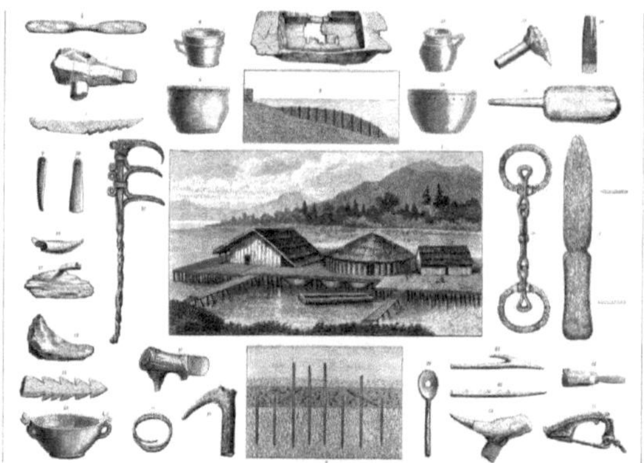

Materiales Usados en la edad de Hierro
Fuente:
http://www.ehowenespanol.com/armas-utilizadas-edad-hierro-hechos_398702/

Estos emigrantes indoeuropeos, llamados a menudo Celtas aunque el pueblo de este nombre era solo uno más de los que formaban parte de los desplazados, vinieron en un largo periodo en emigraciones parciales de grupos muy distintos entre sí, aunque conservaban ciertos elementos homogéneos como una serie de lenguas indoeuropeas, y unos hábitos culturales similares.

Poblado en la Edad de los Metales

Fuente: http://elpasodeltiempohistoria.weebly.com/edad-de-los-metales.html

1.5. Era actual

Desde los principios de la era moderna, uno de los objetivos importantes de las investigaciones ha sido el descubrimiento y desarrollo de materiales con propiedades útiles. Los investigadores han descubierto sustancias y también formas de procesar materiales naturales para elaborar fibras, películas, recubrimientos, adhesivos y sustancias con propiedades eléctricas, magnéticas u ópticas especiales.

Hoy en día hemos ingresado en una nueva era en la que los avances de la tecnología dependen más que nunca del descubrimiento y desarrollo de nuevos materiales útiles. He aquí algunos ejemplos de cómo tales materiales afectarán todos los aspectos de nuestra vida en el futuro cercano:

- El acero, el cual vino a redefinir las estructuras a base del control de la cantidad de carbono que este contiene.
- El cemento, el cual con sus diferentes tipos y capacidades de resistencia crearon nuevas técnicas constructivas y mejores, más grandes y resistentes edificaciones.
- El descubrimiento del PVC el cual impone una nueva alternativa de un material sumamente resistente y con propiedades únicas y sustituyen a otras como lo son los tubos de concreto, cerámicos o de acero y la madera en muchos artefactos como ventanas y puertas.
- La fibra de vidrio mezclada con plástico que logra unir las propiedades de los dos elementos (la solidez y estabilidad química del vidrio con la capacidad de absorber golpes del plástico), adicionalmente es un muy buen aislante eléctrico. Las ventajas más notables de los artículos fabricados con fibra de vidrio son: la ligereza, resistencia, innovación, practicidad y durabilidad.

- Para la utilización en el espacio surgen entonces materiales como el grafito y variedades especiales de este. Se trata de "diseñar" materiales con las propiedades adecuadas. Los materiales sometidos a condiciones. mecánicas especiales dan como resultados materiales novedosos con múltiples aplicaciones.
- La gran variedad de materiales alternativos que día a día se van descubriendo, cuyas propiedades y funciones son muy similares o superiores a los materiales tradicionales.

En general los materiales de construcción se pueden clasificar en tres grupos: primitivos (fáciles de conseguir en la naturaleza) tales como ramas, cañas, hierbas, hojas, etc., los tradicionales (que requieren de una fabricación más o menos compleja), como mármol, ladrillo, baldosas, metal, vidrio, etc. y los modernos (sustancias relativamente nuevas) como el acero, madera contrachapada, plásticos, materiales cerámicos avanzados, etc.

En la historia de la ingeniería y la arquitectura en Honduras, se ha utilizado una gran variedad de materiales. Sin embargo se han saltado etapas, o no se han desarrollado de manera adecuada, lo que ha hecho que la estética y la funcionalidad de las ciudades sean muy diferentes o permanezca por tiempo prolongado igual, mientras que en el mundo cambia. Aunque con el paso de los años esta imagen está cambiando, se está tomando conciencia de la importancia de evolución de la ciudad y lo favorable que es para mejorar la calidad de vida de sus habitantes.

Diferentes tipos de materiales para la construcción
Fuente:
http://www.areatecnologia.com/TUTORIALES/MATERIALES%20PARA%20LA%20CONSTRUCCI
ON.htm

2. REQUERIMIENTOS, EVALUACIÓN Y SELECCIÓN DE LOS MATERIALES

2.1. Requerimiento de los materiales[7]

2.2. Evaluación y selección de los materiales

2.2.1. Criterios[8]

2.2.1.1. Criterios de evaluación

Evaluar consiste en comparar los requerimientos exigidos con las propiedades y características de los materiales escogidos.

La medida de la adecuación de un material está en la comparación de los niveles exigidos (factores externos) con los niveles obtenidos u obtenibles (factores internos dependientes del producto o material en sí). Los requerimientos exigidos se traducen en normas que definen la calidad de los materiales y como complemento aquellos que regulan la producción y

---

[7] MORALES, Ing. Jorge Mario. "Materiales de Construcción", USAC, Guatemala.

[8] MORALES, Ing. Jorge Mario. "Materiales de Construcción", USAC, Guatemala.

fabricación y la determinación de las propiedades del material (métodos de ensayo normalizados).

Algunos de los requerimientos para una construcción o sus componentes pueden expresarse en cifras numéricas o en términos cuantificables (los derivados de exigencias de habitabilidad básica necesidades fisiológicas, humanas y las económicas) tal el caso de los aspectos físicos de la construcción y los costos.

Otros como algunos derivados de exigencias sociológicas y psicológicas solo pueden expresarse en términos descriptivos. Hay en progreso estudios para poder evaluar estas exigencias en la forma más objetiva posible, (Asignación de ponderaciones, realización de encuestas, etc.) que de estos estudios se determinan grados de adecuación que sirven para expresar los requerimientos para la edificación y sus componentes.

El CIB (Conseil International du Batiment) con sede en Holanda y el CSTB (Centro Scientifique at Technique du Batiment) de Francia, tienen normas de requerimientos de la edificación y sus componentes que incluyen los dos tipos de requerimientos mencionados.

Las normas actuales aplicables en construcción tienden a subdividirse en normas específicas relativas a procesos, productos o materiales dados y a normas generales de comportamiento o funcionamiento para unas condiciones de servicio sin dedicatoria a un producto material o proceso dado.

Las primeras son las normas tradicionales usadas en casi todo el mundo. Las normas funcionales o de comportamiento desarrolladas en países donde la construcción es más organizada y avanzada, pretenden fijar requerimientos más racionales y dar los medios para valorar y aceptar materiales o sistemas nuevos

2.2.1.2. Criterios de Selección

El material apropiado para una situación dada será el que Satisfaga económicamente las condiciones impuestas durante el período de vida útil de la estructura.

La selección de un material entre varios posibles no es simple y depende de la comparación de una serie de factores que definen las características y propiedades del material.

1. Características físicas, mecánicas y químicas.
2. Técnicos: Apariencia y aceptabilidad; puesta en   obra.
3.   Económicos: Ejecución, mantenimiento, reemplazo demolición.

Disponibilidad y procedencia

El análisis de materiales nuevos se dificulta por falta de datos suficientes acerca de sus propiedades y características, que deben ser obtenidas de pruebas de Laboratorio y observaciones sistemáticas del material en servicio, lo que a su vez presenta problemas de comparación con materiales competitivos conocidos.

Para ayudar a comparaciones eficientes utilizan las normas y además como medida práctica para lograr un enfoque integral a nivel nacional o internacional se puede utilizar como gula de características a evaluar las listas tipo de características o propiedades a ser evaluadas.

- o Lista de características y propiedades para evaluar materiales a ser usados en muros y Bouwcentrum de Holanda.
- o Lista tipo de propiedades de materiales y productos de construcción del CIB (Conseil Internationale du Batiment).

La lista típica de propiedades y características es la siguiente (Lista CIB resumida)

1. Propiedades

1.1 Naturaleza y uso del producto o material

1.2 Normas o especificaciones aplicables

1.3 Método de fabricación

1.4 Constitución y aspecto del producto

1.5 Propiedades físicas, mecánicas, químicas, biológicas

1.6 Durabilidad

1.7 Propiedades técnicas específicas de instalaciones, accesorios aparatos mecánicos, etc.

1.8 Características de puesta en obra o servicio

1.9 Propiedades que definen el comportamiento o función de los elementos de construcción hechos con el material o producto

2. Fricción, montaje o ensamblaje

2.1 Ensamblaje (diseño y construcción)

2.2 Detalles arquitectónicos y constructivos

2. 3 Facilidad de manipuleo y colocación

2. 4 Posibles problemas en relación al trabajo de construcción.

2.5 Referencias a construcciones terminadas y en servicio.

3. Directrices para la construcción y mantenimiento

3.1 Directrices para el trabajo de construcción

3.2 Directrices para el trabajo de mantenimiento

Tabla 1. Proceso típico para selección y evaluación de materiales y productos

Definición problema ←	Lista requerimientos (solución ideal)	Programa requerimientos edificación	Exigencias usuarios
Consideración preliminar materiales ← o servicios	Catálogo → materiales	Información productores laboratorios cámaras construcción	
Selección preliminar ←	Comparación ← ←	Catálogo materiales Lista requerimientos	
Consideración de ← materiales servicios es	Información detallada materiales ←	Bibliografía Análisis laboratorio, inspecciones, etc	
Decisión final sobre materiales o ← servicios	Comparación ←	Información detallada materiales escogidos Lista requerimientos	
Comprobación en ← deservicio		Inspecciones, entrevistas, usuarios, registros, etc.	

Fuente: Morales, Ing. Jorge Mario. "Materiales de Construcción", Parte1.

2.2.2. Materiales ya normalizados

Los materiales de construcción ya normalizados pueden evaluarse y seleccionarse por medio de sellos o marcas de conformidad con las normas. Estas son derivadas de la necesidad de asegurar que un producto sea fabricado adecuadamente y que su calidad final sea la requerida para su función asignada.

Por lo que los sellos o marcas de conformidad con las normas proporcionan:

- o Garantía al consumidor
- o Protección al productor o fabricante
- o Elimina competencia desleal
- o Valora más el producto

o Impulsa al fabricante a mejorar calidad

Extiende el campo de la normalización y amplia el mercado del producto:

o Buen argumento de venta

La marca de conformidad con las normas la extiende una entidad oficialmente reconocida con base en:

o Verificación de la capacidad de producción.

Objetivos de la marca de conformidad con las normas:

o Controlar que el fabricante controla su producción y la calidad de la misma.

o Establecer el tipo de garantía dado por el sello o marca (producto y se elabora y controla de acuerdo a norma y calidad de la misma).

2.2.3. Materiales nuevos

Las normas técnicas para productos están basadas en una larga experiencia en el uso de los mismos, algunas veces complementada por un período de investigación sistematizada. Las normas permiten la separación de los productos no aceptables por la realización de pruebas simples de control de calidad.

Este tipo de normas requiere de:

1. Largo período de preparación, amplia experiencia previa o investigación sistematizada.

2. Solo son aplicables al producto o servicio para el que se elaboran

El aumento creciente en el número y tipos de materiales y componentes de construcción que se utilizan en la actualidad hace difícil establecer para las mismas normas técnicas específicas adecuadas en plazos muy cortos. Las normas existentes que son específicas no les son aplicables. La necesidad de evaluar y aceptar los materiales o procesos nuevos que sean potencialmente adecuados ha hecho que se estudien las normas funcionales o de comportamiento, y nuevos sistemas de evaluación de las propiedades.

La norma de tipo funcional o de comportamiento define características o propiedades a exigir sin hacer consideración a componente o material específico o sea que las especificaciones funcionales o de comportamiento se formulan de tal manera que dejan libre la selección del material, método constructivo, etc.

La norma funcional es adecuada cuando es posible evaluarla en las condiciones naturales o simuladas de uso. Un nuevo componente o material no puede valorarse comparándolo con las normas del tradicional que reemplaza. Las ventajas de normas funcionales:
  o Promueven la innovación y desarrollo de nuevos productos
  o Promueven la tipificación de productos y materiales
  o Dan una base para una evaluación más racional de la construcción
  o Promueven una competencia saludable en la construcción
  o Promueven la tecnificación y el enfoque científico de la construcción

Dificultad de la implantación de las normas funcionales:
  o Requieren considerable conocimiento técnico y científico.
  o Requieren del establecimiento previo de requisitos para diferentes tipos de edificación, lo que involucra estudios de gran envergadura.
  o La valoración de las proposiciones de las mismas exige ensayo de

prototipos y ensayos en servicio que demandan personal e instalaciones de laboratorio.

- o Un sistema de normas funcionales es operable si conjuntamente se organiza un sistema de control de calidad y de inspección de la producción y de los productos terminados a fin de valorar y aprobar las alternativas de solución que se presenten.
- o El sistema de normas funcionales puede ser antieconómico en países que no cuentan con los recursos técnicos y económicos y el desarrollo de la construcción para sustentarlo.

No obstante lo anterior, el concepto de funcionamiento, comportamiento o "Performance" (nombre en inglés), debe ser la base del razonamiento para diseñar o desarrollar productos o para evaluar y aceptar los mismos. Este concepto es necesario para promover el futuro desarrollo de la construcción en forma científica y sistemática.

2.2.4.   Responsabilidad del sector construcción

El sector de la construcción experimenta un cambio continuo y acelerado en cuanto a tecnología, aunque se mantengan viejas técnicas el cambio es continuo. Estas viejas técnicas se mantienen porque son necesarias para obras de rehabilitación o restauración.

Este cambio nos lleva a un proceso lento pero continuo en los procesos de construcción tradicionales. Cada vez hay más procesos industrializados en la construcción y mayor tecnología, se tiende cada vez menos a los trabajos realizados por operarios (por ejemplo, cada vez se tiende más a la tabiquería de Tabla yeso, que ya viene preparada de fábrica, que a la tabiquería de ladrillo, que la tiene que hacer el operario en la obra directamente).

Por otro lado, nos encontramos con un gran desarrollo normativo. Actualmente nos encontramos con:

o Normativa legal obligatoria: Normativa propia de cada país.

o Normativa procedente del campo de la normalización: Normativa procedente de organizaciones internacionales, certificación de materiales que garantizan unas determinadas características y requisitos mínimos.

o Normativa de productos de construcción: Normas bajo las que se fabricó el material.

o Este desarrollo de normativa se ha dado en parte por las nuevas exigencias de los usuarios, que cada vez son más.

Se camina hacia un libre mercado de circulación de productos dentro de Centroamérica, México y Estados Unidos, para que se de esta libre circulación de productos tienen que cumplir con ciertas normas. Con estas normas los productos demuestran que están fabricados dentro de ciertos parámetros de control de calidad y especificaciones internacionales y consecuentemente pueden ser utilizados en cualquier país.

Aumento de la capacidad de las comunicaciones, lo que implica un mayor acceso y acercamiento a las nuevas tecnologías de informática y telecomunicación. Esto lo podríamos unir a su vez a un proceso cada vez mayor de globalización de la sociedad y sus actividades.

3. PROPIEDADES Y CARACTERÍSTICAS GENERALES DE LOS MATERIALES

3.1. Propiedades que afectan la seguridad y estabilidad estructural.

3.1.1. Propiedades mecánicas

o Son las que determinan el comportamiento de los materiales bajo carga.

o La respuesta a las fuerzas externas depende del tipo de unión y el ordenamiento estructural de los tornos, moléculas y cristales en el sólido.

o Este ordenamiento puede modificarse en los procesos de conformación y manufacturación alterándose las propiedades.

o El tipo de esfuerzo y la forma de sus aplicaciones puede también introducir cambios en las propiedades.

3.1.1.1. Los materiales en general pueden subdividirse por su comportamiento en[9]

o Elastoplásticos-Sólidos policristalinos (metales).

o Elastoviscosos o viscoelásticos - (sólido amorfos - plásticos, elastómeros, concreto, vidrio, etc.).

o Elásticos — Cristales iónicos y covalentes

3.1.1.2. Tipos básicos de deformación en los materiales

o Elástica (recuperable)

o Plástica —inelástica- permanente

o Viscosa — inelástica — permanente

---

[9] SCHACKELFORD, James F.. Introduction to Materials Science for Engineers. Fourth Edition, Pretice Hall, 1996.

3.1.1.3. Anisotropía e isotropía respecto a las propiedades mecánicas

- o Los cristales simples son anisotrópicos.
- o Los materiales policristalinos como los metales son isotrópicos macroscópicamente.
- o Los materiales amorfos son isotrópicos en   escala   microscópica   y macroscópica.
- o El Concreto, los morteros de albañilería, las mezclas asfálticas son heterogéneas macroscópicamente,   pero isotrópicas respecto a sus propiedades mecánicas.
- o La madera, los plásticos laminados y otros materiales compuestos son anisotrópicos.
- o La deformación de los metales puede causar anisotropía y operaciones de forja, que alinean los granos y producen propiedades direccionales.

3.1.1.4. Esfuerzo - Deformación[10]

La fuerza o carga aplicada produce un esfuerzo y una deformación en el material.

Tipos de esfuerzos:

- Uniaxiales   - Compresión, tensión, corte

- Biaxiales - Tensión, compresión, combinados

- Triaxiales - Corte, torsión
- Flexión.

3.1.1.5. Curva esfuerzo deformación

---

[10] DAVIS , Harmer E.. Et. Al Ensaye e inspección de los materiales en Ingeniería. Traducción: Juan Moreno Cruz. México. CECSA, 1976.

Figura 4. Curva de esfuerzo - deformación

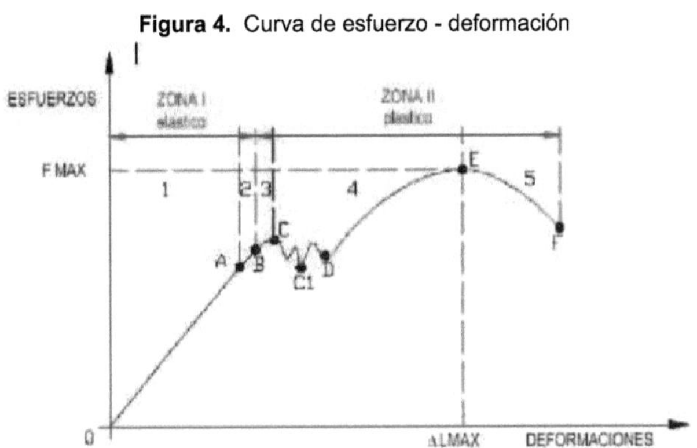

Fuente: BARBARA Zatina, Fernando. Materiales y Procedimientos de Construcción.

A = límite de elasticidad o proporcionalidad.

B = límite de elasticidad práctica. C = límite inicial de fluencia. D = límite final.

E = carga máxima.

F = rotura de la probeta. Zona I = período elástico. Zona II = período plástico.

1 = Zona elástica. La deformación es proporcional a la carga y desaparece al cesar dicha carga.

2 = zona de alargamiento permanente. El tramo AB se confunde con la recta inicial, en B se obtiene la máx. tensión hasta la cual el alargamiento permanente es tan pequeño que se lo puede considerar prácticamente elástico.

3 = zona de fluencia.

4 = zona de alargamiento homogénea después de D en toda la probeta, por efecto de deformación hay un endurecimiento, acritud hasta E, donde adquiere la carga máxima.

5 = zona de estricción, la acritud subsiste, pero hay una disminución de secciones transversales y la carga disminuye hasta la rotura.

Tramo CD: el material fluye o cede sin que aumentara la Tensión hasta D, pasando D con ayuda.

El límite teórico de elasticidad: se determina con un extensómetro, que mide la deformación en la zona de rotura; se somete a la rotura con sucesivos esfuerzos crecientes y entre 2 estados de cargas se descargó, verificando si se produjeron alargamientos permanentes. "La mayor tensión que se alcanzó es el límite".

El límite aparente de elasticidad: se establece determinando el límite de fluencia:

1) directamente en el diagrama, la tensión que corresponde al límite de fluencia;

2) observando si la aguja de la máquina sufre algún retroceso o se detiene (en la práctica).

Figura 5. Extensómetro diseñado para evaluar las tensiones de crecimiento

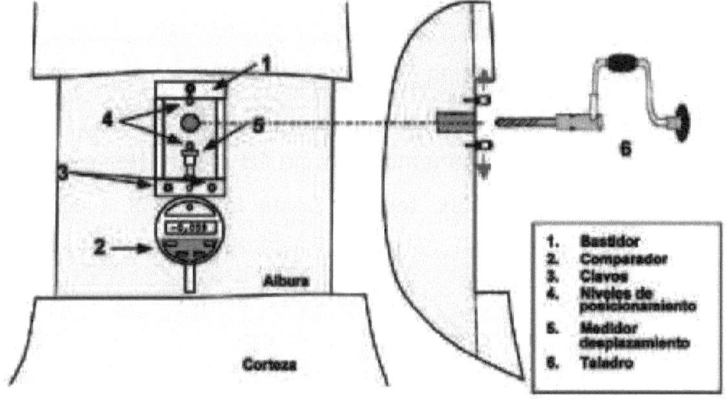

Fuente: http://www.scielo.cl/scielo.php?script=sci_arttext&pid=S0718-221X2001000100008&lng=en&nrm=iso&ignore=.html

3.1.1.6. Fractura o rotura

La fractura o rotura denota destrucción completa de la cohesión del material resultando en la separación de una porción del mismo. Los términos para describir la fractura son variados. Los términos fractura dúctil y frágil describen la respuesta del material al esfuerzo o el tipo de deformación que la precede.

Los términos fibrosa y granular se refiere a la apariencia de la fractura. Corte y clivaje describen la fractura de acuerdo a su naturaleza cristalográfica. Transcristalina e intercristalina definen la forma en que ocurre la fractura en relación a los granos o cristales constituyentes.

Fractura dúctil y precedida de deformación plástica apariencia fibrosa.
Fractura frágil. Si el esfuerzo crítico de tensión es menor que el esfuerzo que causa la deformación plástica, apariencia lisa o granular. Las fracturas dúctil y frágil dependen respectivamente de la resistencia a corte y la cohesión (resistencia a tensión del material), la resistencia a corte es afectada por la velocidad de deformación y la temperatura. La cohesión es poco afectada. La distribución de esfuerzos de impacto en puntos de concentración de esfuerzos puede dar lugar a fracturas frágiles en materiales dúctiles.

La presencia de defectos (grietas, oquedades intergranulares que hacen de concentradores de esfuerzos) facilita la fractura en materiales frágiles.

En materiales muy dúctiles pequeños defectos no causan ruptura a carga estática, ya que el efecto de concentración de esfuerzos es eliminado por la deformación plástica que ocurre. A impacto, la habilidad de deformación se reduce y la concentración de esfuerzos excede la cohesión del material causando rotura frágil.

En materiales frágiles en tensión, la rotura es en un área perpendicular a la tensión (clivaje). En compresión puede ser a lo largo de plano de máximo corte (rotura de corte).   A temperaturas bajas la fractura tiende a ser transgranular (o a través del grano). A temperaturas altas se vuelve intergranular.

Ejemplos de Fractura o rotura (Grietas)
Fuente: http://arquiscopio.com/grietas-en-los-edificios/?lang=pt
https://reformacoruna.com/grietas-fisuras-edificio/

3.1.2.   Conceptos de seguridad estructural de la falla de los materiales[11]

Un material falla cuando cesa de prestar el servicio que se esperaba de él. La falla ocurre cuando la distorsión o velocidad de distorsión se vuelve excesiva para el uso apropiado del material.

3.1.2.1. Manifestaciones de las fallas[12]

o   deslizamiento o fluencia

o   deformación plástica

---

[11] DE Buen, Oscar. Estructuras De Acero. Ed. Limusa, 1998.
[12] SMITH, Charles O.. The Science of Engineering Materials. Third edition, Prentice Hall, 1986.

o   escurrimiento plástico (viscoso)

o   fractura o rotura

3.1.2.2. Causas de las fallas[13]

Provocada por:

1) Cargas o fuerzas físicas

2) Reacciones químicas

3) Interacción nuclear (radiaciones nucleares)

4) Otras — ataques de termitas, roedores, hongos, erosión o abrasión.

Las cargas pueden ser:

- Estáticas

- Dinámicas

- súbitamente aplicada

- impacto

- fatiga (repetidas) periódica al azar

TABLA 2. Valores que definen la resistencia a diferentes tipos de carga según el tipo de falla

Tipo falla	Carga Estática	Carga Dinámica (Impacto)	Carga Repatida
Deslizamiento o fluencia	P.C. LF (kg/cm²)	Mod. Resistencia kg* cm/cm³	—
Escurrimiento plástico (creep)	Lim. Escurrimiento esf. (kg/cm²) para no exceder un (e) límite por t y t	—	—
Fractura o Rotura	Resist. Última (kg/cm²)	Mod. Tenacidad kg*cm/cm³	Lim. Fatiga (kg/cm²)

Fuente: Materiales de Construcción en Guatemala y su aplicación actual , Carlos Eduardo Fuentes, Universidad de San Carlos de Guatemala, 2006

---

[13] El Hombre y los Materiales.
 http://omega.ilce.edu.mx:3000/sites/ciencia/volumen2/ciencia3/069/htm/elhom bre.htm . 1998.

3.1.2.3. Factor de Seguridad[14]

Depende de:

1.   Propiedades, estado y uniformidad de los materiales

2.   Cambios régimen cargas

3.   Estado de esfuerzos

4.   Efectos de fabricación sobre propiedades

5.   Cambios del material con el tiempo

6.   Riesgo de pérdida de vidas humanas o materiales

7.   Imprevistos

3.2.   Propiedades que afectan la habitabilidad[15]

3.2.1.   Propiedades térmicas

Todas las características que se van a ver en este apartado tienen mucha influencia en el edificio. Los cerramientos son causantes directos de estos efectos, ya que son los que controlan la temperatura y la humedad del edificio. La caída de temperatura que haya entre el edificio y el exterior dependerá del espesor del cerramiento y de su conductividad térmica.

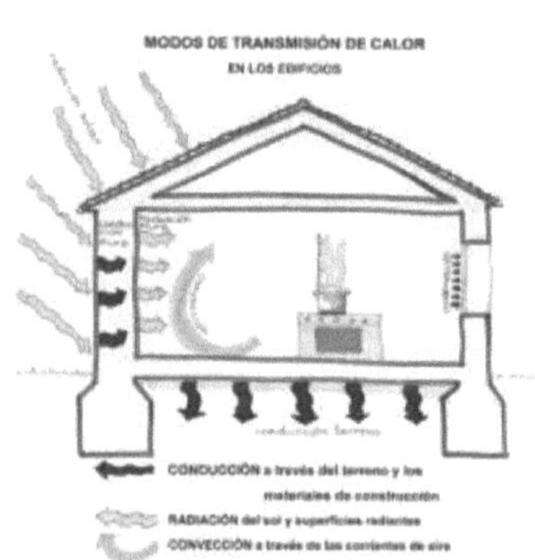

Fuente: https://www.taringa.net/posts/ciencia-educacion/16744100/Construccion-Transmitancia-Termica.html

---

[14] . LAN Huertos, E.. "Arcillas" Textos Universitarios (C.S.I.C.), 1990.

[15] SCHACKELFORD, James F.. Introduction to Materials Science for Engineers. Fourth Edition, Pretice Hall, 1996.

3.2.1.1. Transmisión del calor

Este es uno de los fenómenos más importantes en los edificios. A grandes rasgos lo podemos definir como el paso de calor a través de cerramientos entre el interior del edificio y el exterior. La transmisión del calor sigue la ley de la caída de la temperatura, el calor va de donde hay más a donde hay menos. Este flujo de calor no se puede invertir ni evitar, pero si se puede disminuir.

En la transmisión de calor entran en juego muchos factores, del material y del medio, como la rugosidad, la pigmentación, la temperatura del medio, etc.

Los procesos de conducción del calor son tres:

o   Conducción

o   Convección

o   Radiación

Los dos primeros procesos necesitan un medio material mientras que el tercero no.

La CONDUCCIÓN se produce por contacto entre elementos, es directa y puede realizarse entre materiales en distinto estado. La CONVECCIÓN se da únicamente entre fluidos (tanto líquido como gaseosos) y se debe al movimiento de las partículas que transportan el calor almacenado hasta que se homogeniza el fluido completo. Puede ser un proceso natural o provocado. Cuando las partículas están quietas se produce convección natural y cuando están en movimiento se produce convección forzada.

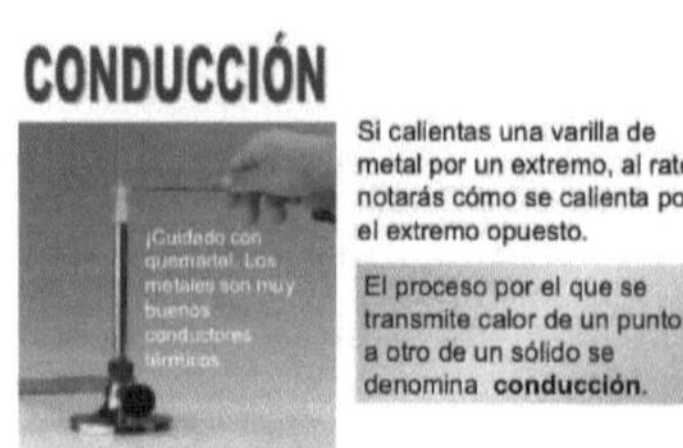

Fuente: http://cienfis2.blogspot.com/2013/07/conductividad-termica.html

La RADIACIÓN se refiere a que todo cuerpo a temperatura superior al cero (0) absoluto (-273 °C) cede energía calorífica en forma de ondas electromagnéticas y tanto más cuanto mayor sea la temperatura. Esta transmisión de calor se puede realizar en el vacío, es decir, no hace falta ningún material intermedio. En este caso el calor se propaga según ondas electromagnéticas, que pueden ser:

o   Ultravioletas

o   Visibles

o   Infrarrojas

La diferencia entre unas y otras es la amplitud de onda, y esta diferencia en la amplitud de onda es la que determina la energía cedida por el material.

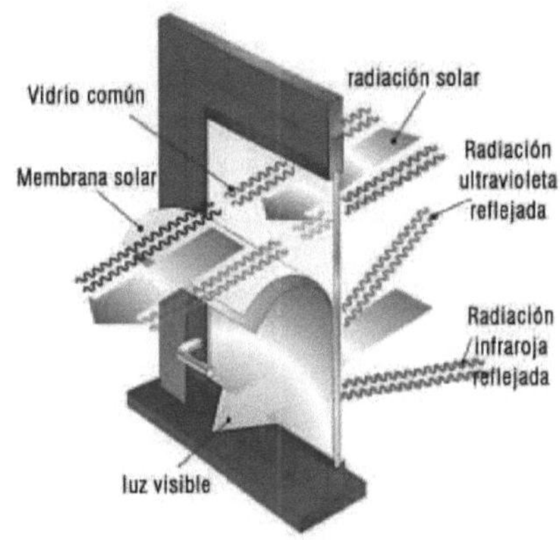

Ejemplos de Radiación
Fuente: http://www.solucionesespeciales.net/Index/Noticias/03Noticias/374426-Estoy-evaluando-tipos-de-materiales-mas-eficientes-para-todas-mis-ventanas-Pantallas-de-control-de-energia-solar-vs-films.aspx

3.2.1.2. Conductividad térmica

Es la mayor o menor facilidad para dejar pasar el calor del material que consideremos. En función del comportamiento de los materiales tendremos metales como buenos conductores; hormigón, ladrillo, vidrio como intermedios y corcho, piedra pómez como malos.

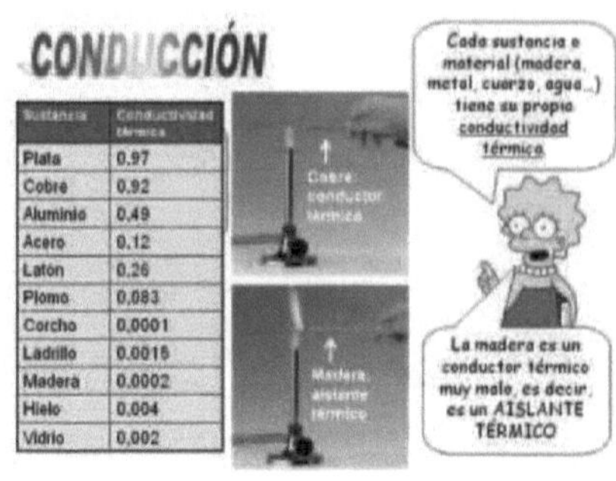

Sustancia	Conductividad térmica
Plata	0,97
Cobre	0,92
Aluminio	0,49
Acero	0,12
Latón	0,26
Plomo	0,083
Corcho	0,0001
Ladrillo	0,0015
Madera	0,0002
Hielo	0,004
Vidrio	0,002

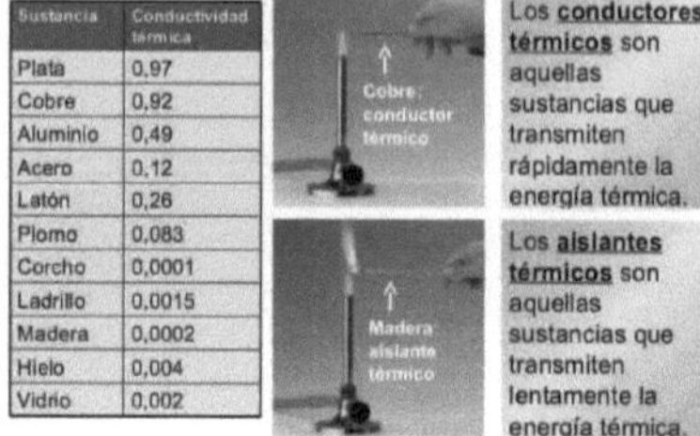

Sustancia	Conductividad térmica
Plata	0,97
Cobre	0,92
Aluminio	0,49
Acero	0,12
Latón	0,26
Plomo	0,083
Corcho	0,0001
Ladrillo	0,0015
Madera	0,0002
Hielo	0,004
Vidrio	0,002

Fuente:

http://cienfis2.blogspot.com/2013/07/conductividad-termica.html

3.2.1.3. Dilatación

Modificación de dimensiones del material como consecuencia de variaciones de temperatura. Se define a través de un coeficiente de dilatación. Esta dilatación puede ser lineal, superficial, de volumen, etcétera. El coeficiente de dilatación también depende de la temperatura y se puede considerar constante.

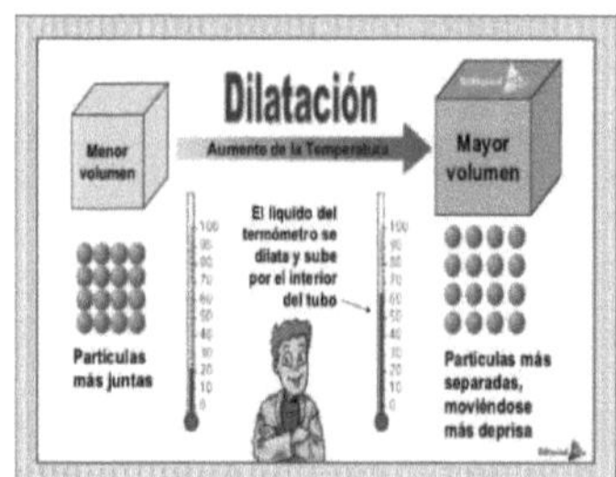

Fuente: https://www.editorialmd.com/ver/dilatacion-los-cuerpos

3.2.1.4. Conductividad eléctrica

Es la mayor o menor facilidad que presenta el material al ser atravesado por electricidad, se mide por la resistividad. La resistividad es inversa a la conductividad, los metales son buenos conductores, el diamante y el silencio son semiconductores; en los malos conductores o aislantes no tiene porqué pasar nunca la electricidad.

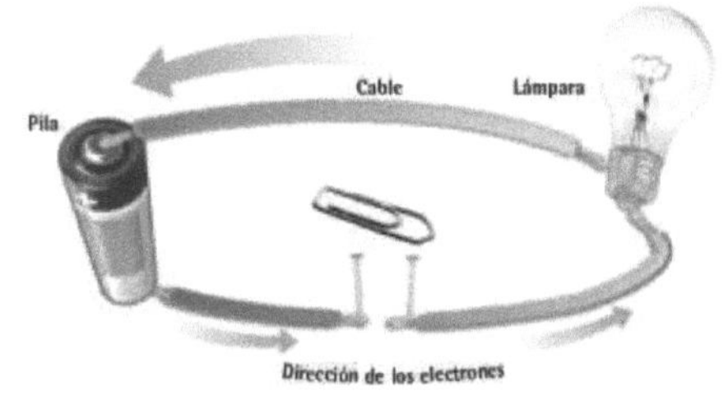

Esquema básico de un circuito eléctrico diseñado para probar la conductividad eléctrica de los materiales.

Fuente: http://etvfranciscojmujica.blogspot.com/

3.2.2. Propiedades acústicas

3.2.2.1. Transmisión acústica

Es la velocidad con que se transmite el sonido a través de un material.

La madera es uno de los materiales que mejor transmiten el sonido, siendo por ello utilizada en instrumentos musicales.

3.2.2.2. Perdidas de transmisión

Es la mayor o menor facilidad que presenta el material para dejar atravesar el sonido. La dificultad que opone el material va a ser mayor cuanto mayor sea la compacidad. El coeficiente de reducción de ruidos tiene que ver con la superficie del material, cuanto más poroso sea el material mayor absorción de ruidos habrá.

3.2.2.3. Aislamiento acústico frente a ruidos aéreos externos

El aislamiento de los materiales frente a estos tipos de ruidos depende de su peso específico, aumentando el aislamiento conforme aumenta éste. La madera al tener un peso específico tan bajo es un aislante muy malo, siendo uno de los grandes problemas de utilización como divisor en viviendas y edificios de núcleos urbanos.

3.2.2.4. Aislamiento acústico frente a ruidos aéreos internos

Reverberación. El problema de la reverberación se produce cuando el sonido producido en una habitación ni se transmite fuera de ella, ni es absorbido por materiales existentes en su interior, rebotando de una pared a otra hasta extinguirse, causando una desagradable sensación acústica. Los materiales absorbentes del sonido son aquellos que tienen muchos poros, circunstancia que se produce en la madera, por lo que la abundancia de este material en una habitación evita la reverberación. Esta propiedad, junto con la conductividad térmica es la que han otorgado a la madera su calificativo de material noble por la agradable sensación acústica y térmica que otorga su presencia.

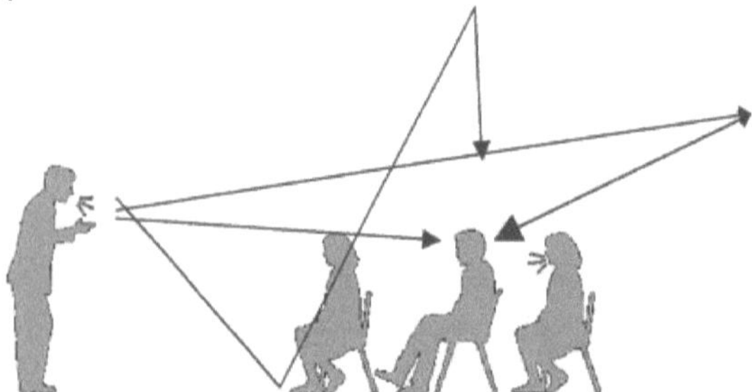

Reverberación

Fuente: http://www.aulaactual.com/especiales/efectos/reverb.php

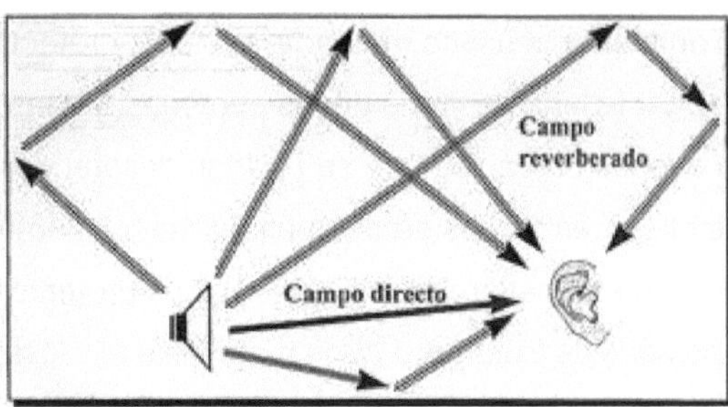

Campo Directo y Reverberado
Fuente:
https://sites.google.com/site/1demayocfgmtelecobd/home/megafonia/01-princ-basicos-del-sonido/1-6-fenomenos-asociados-al-sonido?tmpl=%2Fsystem%2Fapp%2Ftemplates%2Fprint%2F&showPrintDialog=1

3.2.2.5. Aislamiento acústico frente a impactos

El aislamiento ante este tipo de ruidos, se produce cuando el material absorbe toda la energía del impacto, mediante su deformación. En este sentido, son buenos los materiales elásticos, como es el caso de las moquetas, el corcho y en menor medida la madera.

3.2.2.6. Materiales absorbentes acústicos

Los materiales de construcción y los revestimientos tienen propiedades absorbentes muy variables. A menudo es necesario, tanto en salas de espectáculo como en estudios de grabación y monitoreo realizar tratamientos específicos para optimizar las condiciones acústicas. Ello se logra con materiales absorbentes acústicos, es decir materiales especialmente formulados para tener una elevada absorción sonora.

Existen varios tipos de materiales de esta clase. El más económico es la lana de vidrio, que se presenta en dos formas: como fieltro, y como panel rígido. La absorción aumenta con el espesor, y también con la densidad. Permite absorciones sonoras muy altas. El inconveniente es que debe ser separada del ambiente acústico mediante paneles protectores cuya finalidad es doble: proteger la lana de vidrio de las personas, y a las personas de la lana de vidrio (ya que las partículas que se podrían desprender no sólo lastiman la piel sino que al ser respiradas se acumulan irreversiblemente en los pulmones, con el consecuente peligro para la salud). Los protectores son en general planchas perforadas de Eucatex u otros materiales celulósicos.

Es de destacar que, salvo las planchas perforadas de gran espesor, no tienen efecto propio en la absorción, por lo tanto, las planchas perforadas aplicadas directamente sobre la pared son poco efectivas.

Otro tipo de material son las espumas de poliuretano o de melanina ($C_3H_6N_4$). Son materiales que se fabrican facetados en forma de cuñas anecoicas. Esta estructura superficial se comporta como una trampa de sonido, ya que el sonido que incide sobre la superficie de una cuña se refleja varias veces en esa cuña y en la contigua. El resultado es un aumento de la superficie efectiva de tres veces o más.

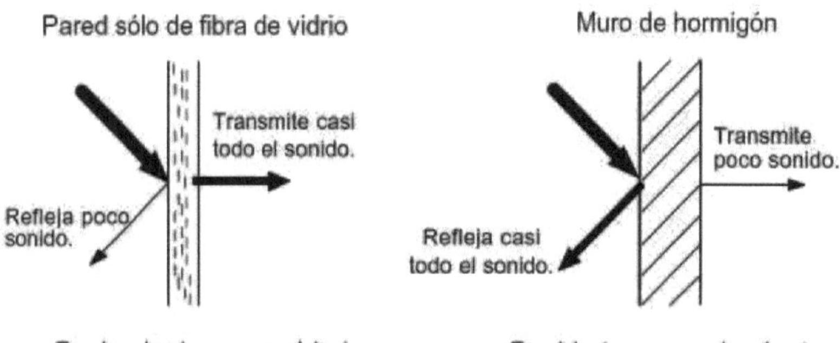

Es *absorbente* pero no *aislante*.   Es *aislante* pero no *absorbente*.

[16]El **aislamiento acústico evita el paso del sonido** y nos proporcionan un confort fuera del lugar donde se está produciendo el sonido. En cambio cuando estamos dentro del recinto lo que necesitamos es **una buena absorción, para controlar la reverberación**. El ejemplo más fácil que tenemos es pensar en un restaurante: dentro de él queremos escuchar las conversaciones de nuestra mesa lo más nítidamente posible, por lo que desearemos que las paredes cuenten con una buena absorción, pero en cambio, si vivimos sobre el restaurante, lo que deseamos es que esté bien aislado para no oír nada de lo que sucede dentro del recinto.

¿Qué significa absorción acústica?

Es la propiedad que tienen todos los materiales para absorber energía acústica, permitiendo que se refleje sólo una parte de ella. Un absorbente es un material poroso.

¿Qué significa aislamiento acústico?

Impedir la Propagación de la energía acústica incidente, por medio de materiales que dificulten el paso del sonido a través de sí mismos. Un material para ser aislante acústico debe de ser pesado y flexible.

3.2.3.   Permeabilidad

La permeabilidad de un material es una medida de la cantidad de gas (a una temperatura dada) que podrá difundirse a través de él por unidad de tiempo. Hasta hoy, no es posible obtener un valor absoluto de permeabilidad para cada material, ya que es afectada por las diferencias de presión, temperatura, pureza y las condiciones de superficie del material. Para determinar la permeabilidad en los materiales se hacen exámenes en condiciones ambientales controladas.

---

[16] https://hynempaquetaduras.jimdo.com/productos/paredes-ac%C3%BAsticas/

3.2.4. Higiene, comodidad y seguridad

La ciudad habitable es aquella que asegura una calidad de vida decente y oportunidad equitativa a todos los habitantes (especialmente los más desfavorecidos) así como un ambiente saludable y seguro.

El término calidad de vida se refiere a la existencia de infraestructuras comunes que mejoran el medio o entorno habitable de los hombres. Es bienestar de los seres vivos, que comprende el grado en que una sociedad ofrece la oportunidad real de disfrutar de todos los bienes y servicios disponibles. Es un concepto multidimensional, ya que abarca aspectos tan amplios como la alimentación y el abrigo junto con el sentimiento de pertenencia y de autorrealización.

Este concepto es una noción tanto cualitativa, pues incluye la apreciación subjetiva de la satisfacción, como relativa y comparativa pues surge a partir de la conciencia del desnivel o diferencia significable entre individuos, grupos sociales, sectores sociales, países y regiones del mundo

3.2.4.1. Saneamiento básico

Incluye el sistema de alcantarillado sanitario y pluvial urbano y rural, dentro del cual se encuentra el sistema de tratamiento de aguas servidas, y el sistema para la recolección, tratamiento y disposición final de residuos sólidos.

Servicios Públicos:

Instalaciones indispensables para el desarrollo y funcionamiento normal de la comunidad y que atiende a las necesidades colectivas de higiene, comunicación, comodidad, seguridad, saneamiento básico (agua potable, alcantarillado, recolección de basuras, teléfono y energía eléctrica) suministrado o no por el estado.

Servicios Urbanos básicos:

Agrupa los equipamientos destinados a la prestación de servicios y atención a los ciudadanos, en relación con las actividades de carácter administrativo o de gestión de la ciudad y los destinados a su mantenimiento. Se clasifican en los siguientes subgrupos: seguridad ciudadana, defensa y justicia, abastecimiento de alimentos y consumo, recintos feriales, cementerios y servicios funerarios, servicios de la administración pública y servicios de telecomunicaciones.

Servicios Públicos
Fuente: https://www.nodal.am/2018/04/la-oposicion-busca-nuevamente-debatir-una-ley-sobre-el-tarifazo-en-los-servicios-publicos/servicios-publicos-2/

3.3. Durabilidad de los materiales

3.3.1. Durabilidad, envejecimiento, obsolescencia[17]

3.3.1.1. Durabilidad

Durabilidad es el período de vida útil de la edificación. Depende de la capacidad de los materiales y elementos constructivos para cumplir con los requerimientos previstos durante dicho período; bajo las condiciones ambientales y de servicio u ocupación normales, supone un mantenimiento razonable y de reposición prevista de alguna de sus partes cada cierto número de años. La durabilidad es de carácter esencialmente económico y funcional.

3.3.1.1.1. Periodos de la durabilidad

En el análisis de la durabilidad debe diferenciarse entre el período de duración normal deseable del punto de vista técnico y económico y el período de duración de la responsabilidad legal. Este último no debe ser un factor limitativo de la vida útil. Un factor para tomar en cuenta es el financiamiento a largo plazo, ya que se espera que la vivienda dure en condiciones aceptables por lo menos durante el período de crédito (25 - 45 años).

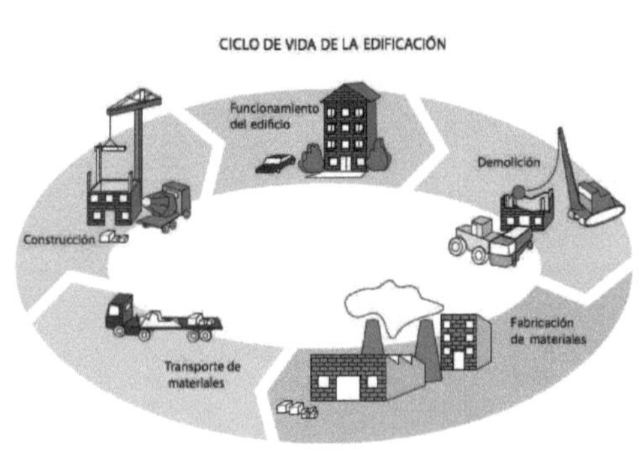

Fuente: http://smnsja3agrupo04.blogspot.com/2015/06/el-proceso-de-construccion.html

---

[17] DOWGLING, Norman E.. Mechanical Behaviour of Materials. Prentice Hall, 1993.

Es corriente el siguiente criterio de clasificación de edificaciones según su durabilidad deseable:

TABLA 3. Clasificación de edificaciones según su durabilidad

Tipo de Edificación	Vida útil (años)
Provisional	hasta 20
Duración normal	20 - 50
Durables	50 - 100
Permanentes	100

Fuente: Morales, Ing. Jorge Mario. "Materiales de Construcción", Parte1.

En la época actual y dados los adelantos tecnológicos y la natural evolución en las condiciones de vida, debería tomarse una durabilidad de 50 años. Por los gastos de mantenimiento y reposición de esta edad en adelante posiblemente es mejor reconstruir que reparar.

3.3.1.1.2. Funciones de los materiales

Los materiales y componentes de la edificación deben cumplir con su función prevista durante el período de vida útil de la edificación.

- o Seguridad (estabilidad y exigencias de carácter absoluto).
- o Protección de agentes externos.
- o Habitabilidad y comodidad en general.

La selección de los materiales se condiciona por:

1. Sus cualidades estáticas
2. Su aptitud de resistir cargas

3. Su resistencia a agentes agresivos
4. Facilidad de uso y puesta en obra
5. Facilidad de adquisición y procedencia
6. Costo de adquisición y mantenimiento (y demolición)

El concepto de durabilidad abarca principalmente los aspectos 2) y 3) y la evaluación de la misma comprende ensayos de envejecimiento acelerado o ensayos rápidos de comportamiento de materiales bajo acciones destructivas intensas.

3.3.1.2. Envejecimiento

Se le llama así al deterioro progresivo de los materiales y componentes de la edificación, por efecto de su uso, irrespectivamente de la duración, intensidad y naturaleza de la acción sufrida (período más o menos largo; acción rápida o lenta, superficial o profunda; destructiva o leve).

Los estudios de envejecimiento acelerado son escasos y no tienen suficiente valor probatorio por la diferencia de comportamiento de los materiales en su situación normal. No obstante, dan indicaciones que permiten prever con cierto grado de confianza algunas acciones destructivas: corrosión, desgaste, reactividad química entre ciertos elementos, pudrición, heladicidad, intemperización, etc.

Como Envejece un edificio
Fuente: http://www.pacap.es/como-envejece-un-edificio/

Los estudios de envejecimiento se llevan en el laboratorio (acelerados) o en el campo (observación directa). Los primeros son más rápidos, pero menos confiables y sus resultados deben interpretarse con amplio criterio.

Los agentes de envejecimiento son:

1. Acciones mecánicas (desgaste, choque, vibraciones)

2. Acciones físicas — (temperatura, humedad, atmosféricas o climáticas) (*)

3. Acciones químicas — Suelos y aguas agresivos reactividad entre materiales y acción de productos químicos.

4. Acciones biológicas — Hongos, bacterias, insectos.

5. Radiaciones nucleares

   (*) Esta acción combina acciones de tipos 1, 2, 3 y 5.

Fuente: http://enconsumo.com/materiales-esenciales-la-remodelacion-construccion-del-hogar/

3.3.1.3. Obsolescencia

Además del deterioro normal por el uso (envejecimiento) existe la obsolescencia provocada por el cambio de los niveles de habitabilidad (por los adelantos tecnológicos y cambios en los hábitos de vida o trabajo del usuario). La obsolescencia no es constante ni proporcional al tiempo y es difícil medirla. Hasta hoy ha sido lenta y no del todo definitivo en cuanto a viviendas de clase media y alta. Es más rápida en cuanto a vivienda de costo, edificaciones comerciales o industriales, escuelas, etc.

3.3.2. Corrosión o destrucción de los materiales[18] [19]

La corrosión técnicamente hablando es la destrucción de un sólido por una acción química o electroquímica que se inicia en su superficie. La definición puede aplicarse a materiales metálicos, pero en la práctica casi invariablemente se aplica a metales.

La corrosión en general es causada por el medio circundante (atmósfera, suelo, agua) y por el uso inadecuado de materiales (contacto de metales que forman un par galvánico, por ejemplo). El principal vehículo de corrosión (en general) es el agua ayudada por la temperatura y que actúa:

a) Disolviendo los materiales

b) Vehículos de sustancias agresivas

c) Como electrolito

d) Como elemento necesario para la vida de parásitos que atacan los materiales.

---

[18] DOWGLING, Norman E.. Mechanical Behaviour of Materials. Prentice Hall, 1993.

[19] SCHACKELFORD, James F.. Introduction to Materials Science for Engineers. Fourth Edition, Pretice Hall, 1996.

e) Ocasionando cambios volumétricos.

La corrosión en los metales ocurre cuando está expuesto a la intemperie

Fuente: https://www.arqhys.com/articulos/corrosion.html

En materiales de albañilería y mampostería, concretos, etc. el tipo de destrucción (corrosión) es por disolución acompañada en mayor o menor grado por acciones químicas.

En metales se produce como corrosión directa por ataque químico y más frecuentemente como ataque electroquímico. En las maderas y derivados se produce una acción de tipo biológico principalmente. En los plásticos se producen cambios por efecto de las radiaciones solares.

3.3.2.1. Formas específicas de corrosión

1. Atmosférica:

Resultado del efecto combinado   de formación y rotura de protectoras. La oxidación (corrosión directa) produce una película que reduce el ataque. Una rotura en la película puede producir ataque electroquímico si hay un medio electrolito (humedad) sobre superficie de metal. Se produce entonces una celda de concentración de oxígeno.

El factor más importante de este tipo de corrosión es la humedad del aire. El ambiente marino aumenta la conductividad del electrolito y acelera la corrosión. La resistencia de algunos metales (cromo, aluminio, níquel, acero inoxidable a este tipo de corrosión es en general buena comparada con el hierro y acero corrientes.

2. Subterránea:

Llamado corrosión del suelo. Las propiedades corrosivas del suelo dependen de su acidez, grado de aireación, con salinidad y humedad. La presencia de bacterias y otros microorganismos pueden acelerar la corrosión. La textura del suelo es importante. Una tubería en suelo arenoso o gravoso muy aireado puede oxidarse como si estuviera al aire y en función de la humedad en el suelo. En suelos saturados, la presencia de oxígeno es bajo, pero puede haber microorganismos o sales o ácidos que produzcan corrosión.

Puede ocurrir ataque electroquímico por aireación diferencial entre zonas de suelo (rellenos de zanjas de tuberías). El atravesar zonas de diferentes estratos de suelo puede provocar celdas de concentración.

3. Microbiológica:

Causada por microorganismos que son aeróbicos o anaeróbicos.

Los más importantes son:

1. Bacterias reductoras de sulfatos
2. Bacterias reductoras de azufre
3. Bacterias reductoras de hierro manganeso
4. Bacterias que forman películas microbiológicas

Oxidación del metal.
https://es.wikipedia.org/wiki/Corrosi%C3%B3n#/media/File:Corrosion.jpg

Las bacterias reductoras de sulfatos son anaeróbicas y pueden causar corrosión del hierro y acero. Las bacterias de azufre—oxidan el azufre y forman ácido sulfúrico que ataca el Fe. Esta bacteria crece en ambientes de pH de 0 a 1.

Películas microbiológicas por adherencia de hongos, bacterias, algas, mantienen gradientes en la concentración de electrolitos y producen celdas de concentración locales.

4. Corrientes parásitas:

Ocurre en elementos metálicos sumergidos o enterrados. En este tipo de corrosión, la corriente no proviene del metal en sí, sino de una fuente externa que se filtra o induce de algún circuito eléctrico cercano y se transmite por la tierra o por los elementos metálicos enterrados. Los puntos donde la corriente sale del elemento metálico al electrolito se vuelven anódicos y allí se ioniza al metal, y los puntos donde entra la corriente se vuelven catódicos.

La conductividad eléctrica de los suelos puede acelerar este tipo de corrosión. La presencia de oxígeno y la temperatura afectan la intensidad de las corrientes parásitas.

3.3.2.2. Otras formas de corrosión

1. **Uniforme -** abarca uniformemente toda el área expuesta del metal.

2. **Picaduras** - localizada en grietas, agujeros de la superficie metálica roturas capas protectoras. Se forman celdas de concentración de oxígeno.

3. **Corrosión ínter granular -** ocurre a lo largo de límites de grano que se vuelven anódicos. Los metales de grano fino son más propensos a oxidarse que los de grano grueso, por tener área de límites de grano.

4. **Erosión -corrosión-** Combinación de erosión mecánica con algún mecanismo de corrosión en casos de flujo turbulento de gases y líquidos o por fricción o frotamiento de sólidos sobre la superficie metálica. La causa principal es la rotura de películas protectoras.

5. **Corrosión por esfuerzo -** efecto combinado de esfuerzos de tensión y ambiente corrosivo. El esfuerzo puede ser residual o aplicado. Algunas fallas se deben a esfuerzos residuales por tratamientos térmicos, soldaduras, enfriamiento diferencial, etc. Dan por resultados un ataque localizado en la zona reforzada que se convierte en ánodo. Puede aumentar el ataque por presencia de grietas existentes o formadas por el estado de esfuerzo o corrosión inicial.

La deformación debida al esfuerzo evita la formación de película protectora, aumenta la corrosión, la grieta, la concentración de esfuerzo, hasta que ocurre la fractura tipo frágil en materiales. La fragilización cáustica en calentadores de agua, causada por ataque al acero.

6. Corrosión selectiva - ocurre en latones de alto contenido de cinc expuesto a agua caliente o a soluciones débiles de ácidos. El cinc y el cobre se ionizan, pero el cobre, se deposita de nuevo casi en su mismo lugar mientras el cinc permanece en la solución. La concentración de iones de cobre del ánodo resulta en una celda de contratación que deposita iones sobre la superficie. Estos iones de cobre tienden a funcionar como cátodo en una celda galvánica formada por esta deposición de cobre v el resto de la superficie.

En esta forma continua la ionización y separación de cinc, en presencia de hidróxido de sodio y temperatura elevada es una forma de esta corrosión. Otro caso especial es la corrosión con fatiga de combinación de ambiente corrosivo y cliclos de esfuerzos variables.

7. Corrosión por tratamiento térmico - alteración de microestructura y propiedades de corrosión de los granos y esfuerzos inducidos.

3.3.2.3. Protección contra la corrosión

1. Selección apropiada de metales o aleaciones de los mismos más resistentes a la corrosión.

2. Recubrimiento orgánico o inorgánicos: Proporcionan protección por exclusión de aire, humedad y otros medios corrosivos. Los orgánicos se descomponen a temperaturas elevadas o se destruyen por erosión. Los inorgánicos principalmente cerámicos y vidriados son resistentes a la temperatura y el desgaste, pero son frágiles al choque mecánico o térmico.

Los recubrimientos metálicos-electodesitados por inmersión o aspersión de metal fundido, son muy adecuados especialmente si dan protección catódica adicional.

3. Evitar pares galvánicos. Uso de piezas de un mismo metal o de metales que sean menos susceptibles a oxidarse o formar pares galvánicos.

4. Protección galvánica (o catódica)

a) Usar materiales anódicos protectores.

- Acero galvanizado
- En ataques de agua
- En barcos
- En tuberías enterradas.

Las técnicas anticorrosivas como bien indica el título tienen como objetivo reducir la velocidad de corrosión de los materiales. Fuente:
https://ingenieromarino.com/corrosion-y-proteccion-catodica/

b) Usar un voltaje impreso para hacer catódico el metal

- Inhibidores de corrosión - productos químicos que vuelven inerte el medio corrosivo o que reaccionan con el metal formando pasivación. (cromatos, fosfatos, tunqstetos e iones de elementos de transición que se absorben fácilmente en la superficie metálica, son los mejores).

- Tratamientos especiales aceros - para evitar la corrosión por esfuerzo. Trabajo en frío superficial que inducen esfuerzos de compresión (acero con Al en atmósfera de amoníaco a 950°F. el N se difunde en el metal y precipita como nitruro de Aluminio). La corrosión por esfuerzo se produce en tensión y en combinación con medio corrosivo.

- Uso de aire acondicionado - sellado de espacios seguido de eliminación de humedad e inyección de aire seco. (Preservación de barcos y aviones después de la II Guerra Mundial).

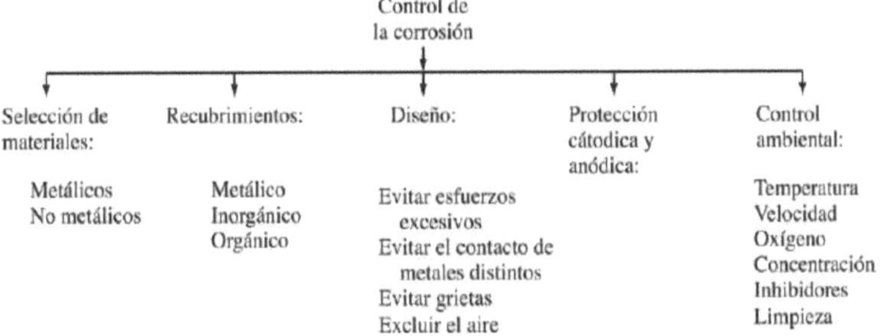

Fuente: http://blog.utp.edu.co/metalografia/9-principios-de-corrosion/

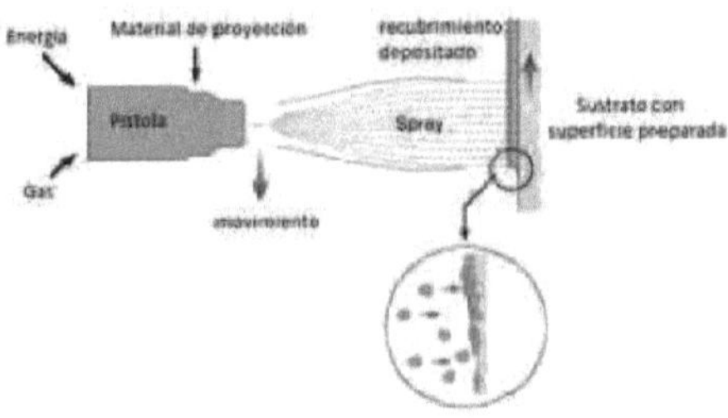

Protección contra la corrosión por sales fundidas de un acero inoxidable

Fuente: http://revistavirtualpro.com/blog/2011/04/proteccion-contra-la-corrosion-por-sales-fundidas-de-un-acero-inoxidable/

3.3. Resistencia al desgaste o abrasión[20],[21],[22]

El desgaste es la remoción de sólidos de las superficies de los materiales por acciones físico-mecánicas (abrasión, erosión) y acciones químicas (corrosión). No hay relación entre desgaste y coeficiente de fricción aunque a mayor valor de este último puede causarse un mayor desgaste. El desgaste depende de la naturaleza y condición de superficies en contacto y de las fuerzas físicas o químicas actuantes.

3.3.3.1. Tipos generales de desgaste

Adhesivo - resultante de la interacción entre dos superficies metálicas adherentes. Metales disímiles, así como aquellos que producen mayor adhesión son los más afectados. El uso de lubricantes lo disminuye.

Abrasivo - remoción de partículas sólidas por rayado o indentación, provocada por un cuerpo más duro que la superficie desgastada. Este tipo de desgaste se incrementa por suciedad y la inclusión de partículas duras entre las superficies. En maquinaria industrial este es el tipo de desgaste más generalizado. En Ingeniería Civil, se presenta también este tipo de desgaste, en pisos, carreteras, estructuras hidráulicas, etc.

Desgaste corrosivo - combinación de desgaste en ambiente corrosivo (acción de fuerzas mecánicas y químicas).

---

[20] BOLGER, R. Industrial Minerals in Pharmaceuticals. Industrial Minerals,1995.

[21] DAVIS, Harmer E. Et. Al Ensaye e inspección de los materiales en Ingeniería.
[22] SMITH, Charles O. The Science of Engineering Materials. Third edition, Prentice Hall, 1986.
Traducción: Juan Moreno Cruz. México. CECSA, 1976.

3.3.3.2. Fricción

La fricción es la fuerza resistente al deslizamiento tangencial a la superficie entre dos cuerpos, que tienden a moverse uno sobre el otro. La fuerza para iniciar el movimiento se llama fricción estática y la necesaria para mantener el movimiento fricción cinética.

3.3.3.3. Lubricación

La lubricación tiene el propósito de interponer películas entre las superficies móviles para reducir la fricción, reducir el desgaste y los daños a las superficies deslizantes. La lubricación se efectúa en dos formas llamadas de superficie y la hidrodinámica.

La hidrodinámica involucra la separación de las superficies por una capa gruesa de lubricantes. El coeficiente de fricción se vuelve muy bajo 0.001 a 0.01 y depende de la naturaleza del lubricante. La de superficie ocurre cuando la capa de lubricante es muy fina en comparación con las asperezas e irregularidades superficiales. Entre estos extremos ocurren grados de lubricación intermedios.

En la operación de mecanismos se tiende a obtener una lubricación hidrodinámica completa, pero en la práctica siempre hay cierto grado de lubricación de superficies, especialmente en arranques o paradas de maquinaria, por lo que hay que usar materiales que den lubricación de superficie adecuada (impiden adhesión entre superficies móviles). Los lubricantes también requieren aditivos para resistir el calor por fricción.

Tipos de lubricantes-enfriamiento, sellado y prevención para resistir el calor por fricción:

- o Aceites y grasas orgánicas o inorgánicas - Viscosidad.
- o Materiales inorgánicos sólidos - grafito, sulfuro de molibdeno, talcos.
- o Películas de metales suaves sobre metales duros. (Disminuyen el corte pero mantienen la dureza superficial).
- o El área de contacto permanece constante aún a altas presiones y la fricción será baja). (Cojinetes y chumaceras)

3.3.4. Estabilidad dimensional[23],[24]

La mayoría de los materiales de construcción cambian de tamaño a lo largo del tiempo debido a su absorción de humedad, cambios en la temperatura y acción de cargas. Estos movimientos aparentemente pequeños son los que causan tensiones dentro de los materiales y que pueden conducir al fisuramiento de los mismos.

Para evitar estas fisuras, deben idearse diseños que minimicen, acomoden o prevengan estos movimientos. Juntas, fijaciones y refuerzos de acero son algunos de los sistemas generalmente empleados con el objeto de resolver estos problemas.

La estabilidad dimensional de los materiales depende de varios factores que son: la temperatura ambiente, el adhesivo utilizado y el formato. Con las

---

[23] DOWGLING, Norman E. Mechanical Behaviour of Materials. Prentice Hall, 1993.

[24] SCHACKELFORD, James F. Introduction to Materials Science for Engineers. Fourth Edition, Pretice Hall, 1996.

variaciones de temperatura, aunque no pueda llegar a percibirse visualmente, los materiales se dilatan-contraen. Estas juntas, permiten amortiguar posibles tensiones tanto durante el asentamiento de la estructura como del fraguado del adhesivo.

3.3.4.1. Coeficiente de dilatación

Se denomina coeficiente de dilatación al cociente entre la diferencia de longitud y la diferencia de temperatura que experimenta un cuerpo por esta causa. Puede ser usado para abreviar este coeficiente tanto la letra griega alfa (α) como la letra lambda (λ).

$$\alpha = \frac{\Delta L}{\Delta t}$$

TABLA 4. Algunos Coeficientes de Dilatación

Material	$\alpha\ (°C^{-1})$
Concreto	~ 1.0 x 10^{-5}
Hierro, acero	1.2 x 10^{-5}
Plata	2.0 x 10^{-5}
Oro	1.5 x 10^{-5}
Invar	0.04 x 10^{-5}
Plomo	3.0 x 10^{-5}
Zinc	2.6 x 10^{-5}
Aluminio	2.4 x 10^{-5}
Latón	1.8 x 10^{-5}
Cobre	~ 1.7 x 10^{-5}
Vidrio	0.7 x 10^{-5}
Cuarzo	0.04 x 10^{-5}
Hielo	5.1 x 10^{-5}

Fuente: ENCICLOPEDIA de las Ciencias. México: Editorial Cumbre S.A., 1987.

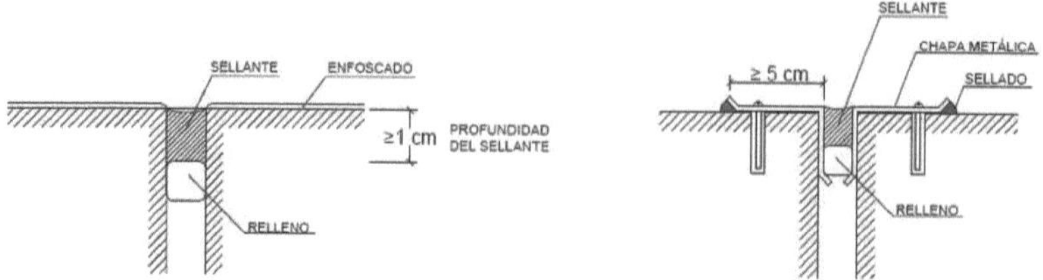

Ejemplo de Juntas de Dilatación
Fuente: http://blogtecnico.coag.es/wp-content/uploads/2010/06/10544_359_03_juntas.pdf

3.3.5.   Intemperización[25],[26]

3.3.5.1. Intemperización mecánica

La intemperización mecánica o física consiste en la ruptura de las rocas a causa de esfuerzos externos e internos causados por los meteoros. Son sinónimos, y más exactos, los términos de disgregación y fragmentación. La disgregación implica la ruptura de la roca en fragmentos más o menos grandes y angulosos, pero sin modificación de la naturaleza mineralógica de la roca. Los calibres pueden ir desde la arcilla, a la marga, el limo, la arena y hasta los fragmentos de varios metros.

La superficie de meteorización puede realizarse en capas, exfoliación, o grano a grano, desagregación granular. Los procesos más importantes son:

o   termoclastia

o   gelifracción

o   hidroclastia

[25] SCHACKELFORD, James F. Introduction to Materials Science for Engineers. Fourth Edition, Pretice Hall, 1996.

[26] SMITH, Charles O. The Science of Engineering Materials. Third edition, Prentice Hall, 1986.

- o haloclastia

- o corrosión

Nota: las definiciones de estos procesos se encuentran en el glosario

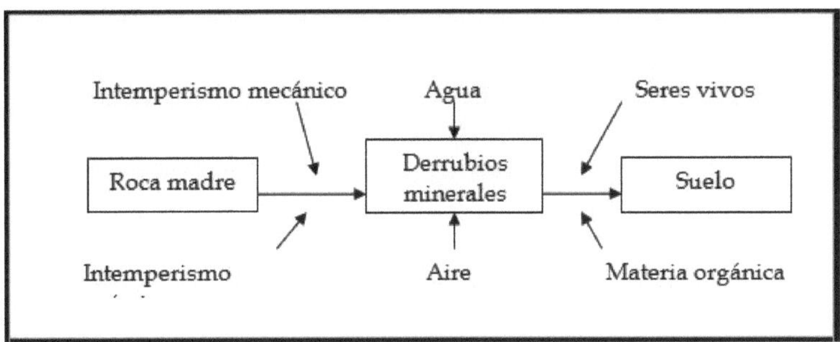

Etapas y procesos en la formación del suelo. El esquema muestra como la roca madre se transforma en derrubios minerales, y estos en suelo. Según Amoros García y otros, Geología. Fuente: https://godues.wordpress.com/2014/12/30/intemperismo-o-meteorizacion-manualgeo-cap-08/

3.3.6.   Dureza[27]

La dureza es una propiedad fundamental de los materiales y está relacionada con la resistencia mecánica. La dureza puede definirse como la resistencia de un material a la penetración o formación de huellas localizadas en una superficie. Cuanto más pequeña sea la huella obtenida en condiciones normalizadas, más duro será el material ensayado. El penetrador en un ensayo de dureza es generalmente una esfera, pirámide o cono hecho de un material mucho más duro del que se ensaya, como por ejemplo acero endurecido, diamante o carburo de tungsteno sintetizado.

---

[27] DAVIS, Harmer E. Et. Al Ensaye e inspección de los materiales en ingeniería. Traducción: Juan Moreno Cruz. México. CECSA, 1976.

En la mayoría de las pruebas patrón, la carga se aplica al oprimir lentamente el penetrador, perpendicularmente a la superficie ensayada, por un periodo determinado. De los resultados obtenidos se puede calcular un valor empírico de dureza, conociendo la carga aplicada y el área de la sección transversal o la profundidad de la impresión. El ensayo de dureza nunca se debe realizar cerca del borde de la muestra o cerca de otra penetración ya existente. En este último caso, la distancia mínima para efectuar una penetración es de tres veces el diámetro de la penetración anterior. Otra condición, es que el espesor de la probeta a ensayar sea de por lo menos 10 ½ veces el diámetro de la impresión, con el fin de evitar el efecto yunque (brinell).

Las penetraciones microscópicas de dureza se hacen empleando cargas muy pequeñas y se usan para estudiar variaciones localizadas de dureza en materiales monofásicos y multifásicos (aleaciones), así como para medir la dureza de granos metálicos.

La mayoría de las pruebas de dureza producen deformación plástica en el material y todas las variables que influyen en la deformación plástica la afectan; por ejemplo, ya que el esfuerzo de cedencia se ve afectado considerablemente por la cantidad de trabajo en frío y el tratamiento térmico al que se halla sometido el material, la dureza se verá afectada por los mismos factores. En aquellos materiales que muestran características similares de endurecimiento por trabajo, existe una valida correlación entre la dureza y la resistencia máxima a la tensión. La prueba de dureza puede hacerse muy fácilmente y la información obtenida se evalúa inmediatamente. Por estas razones y por su carácter no destructivo, se emplea frecuentemente para control de calidad en producción.

Además de la resistencia a la penetración, otros métodos de medición de la dureza pueden basarse en el raspado de la superficie o en la medición del rebote elástico de una pelota dura.

3.3.6.1. Número de dureza Brinell (BHN)

Este ensayo se utiliza en materiales de durezas bajas. Utiliza penetradores en forma de bolas de diferentes diámetros; estos pueden ser de acero templado o de carburo de tungsteno. Utiliza cargas normalmente hasta 3000 kilogramos, las cuales se pueden normalizar.

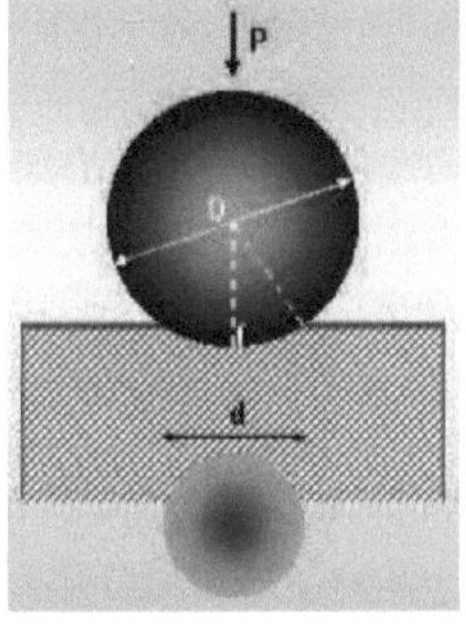

Esquema del ensayo de dureza Brinell. Y Durómetro Rockwell y Brinell.
Fuente: https://www.upv.es/materiales/Fcm/Fcm02/ptrb2_2_6.html

La carga se aplica durante 30 segundos   y   luego   se   retira. Inmediatamente se lee en milímetros el diámetro de la impresión. Es válido anotar que las cargas más livianas corresponden a materiales no ferrosos y puros, tales como cobre y aluminio; las cargas más pesadas se utilizaran para el hierro, acero y aleaciones duras.

3.3.6.2. Ensayo de dureza rockwell

Se aplica a materiales más duros que la escala brinell. En este ensayo se usan penetradores de carburo de tungsteno como bolas de 1/16 de pulgada, 1/8, 1/4 y 1/2 de pulgada, este último para materiales más blandos y en cono de diamante cuyo ángulo en la base es de 120°.

Ensayo rockewell diseñado para materiales de dureza intermedia como aceros de medio y bajo carbono. Su indentador es la bola de 1/16 de pulgada, cuya carga es de 100 kilogramos. Su escala va de 40 a 100 r_b.

Ensayo rockewell se emplea en materiales más duros que 100 r_b. El funcionamiento de este ensayo es como sigue: el observador primero acciona una palanca que presiona el cono de diamante a una pequeña distancia establecida dentro de la probeta. Esto se conoce como la "precarga" (10 kg). En seguida, se deja actuar la carga r_c normalizada de 150 kilogramos, que presiona aún más el diamante dentro de la probeta.

Luego, con la misma palanca se quita la carga. En este momento se lee la dureza r_c en la escala y luego, se descarga la palanca. El principio de este ensayo, está en que a través de un sistema de palancas se registra en la escala la profundidad de penetración entre la precarga y la carga de 150 kilogramos y se lee directamente en r_c.

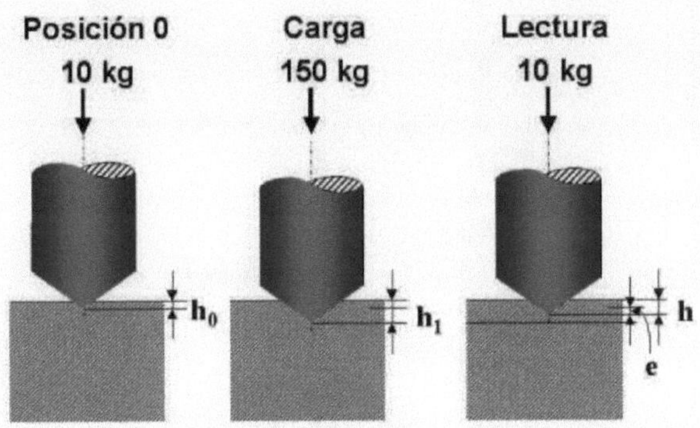

Secuencia de cargas, F, y profundidades en el ensayo Rockwell
Fuente: https://www.upv.es/materiales/Fcm/Fcm02/ptrb2_2_6.html

3.3.6.3. Ensayo vickers

Llamado el ensayo universal. Sus cargas van de 5 a 125 kilogramos (de cinco en cinco). Su penetrador es pirámide de diamante con un ángulo base de 136°. Se emplea vickers para laminas tan delgadas como 0.006 pulgadas y no se lee directamente en la máquina.

Este ensayo constituye una mejora al ensayo de Brinell. Se presiona el indentador contra una probeta bajo cargas más livianas que las utilizadas en el ensayo brinell. Se miden las diagonales de la impresión cuadrada y se halla el promedio para aplicar la formula antes mencionada.

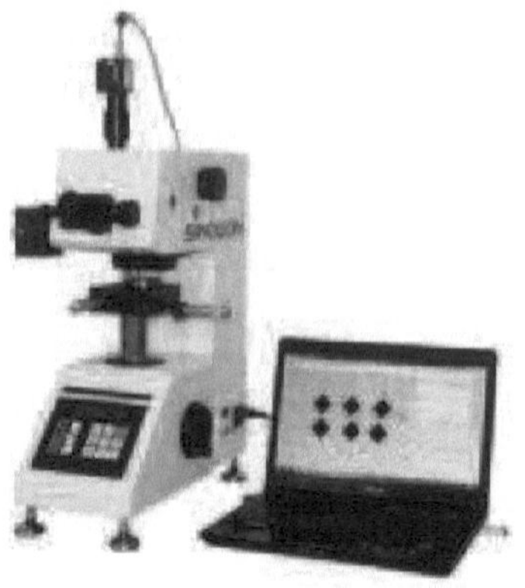

Probador de Dureza Vickers

Fuente: http://spanish.digitalhardnesstesters.com/sale-4236717-micro-vickers-hardness-tester-manual-with-vickers-knoop-measuring-software.html

4. PRINCIPALES MATERIALES DE CONSTRUCCIÓN, SEGÚN SU FUNCIÓN ESPECÍFICA

4.1. Aglomerantes[28],[29],[30],[31]

Los aglomerantes son productos más o menos industrializados que a unas determinadas condiciones de temperatura y humedad reciben cambios fisicoquímicos. Los cambios que experimentan son reversibles, nos referimos sobre todo a cambios de densidad, viscosidad, etc., de modo que cuando se vuelve a las condiciones iniciales el producto vuelve a su ser. Así pues no se

---

[28] Enciclopedia de las Ciencias. México: Editorial Cumbre S.A., 1987.

[29] ASKELAND, Donald D. La Ciencia e Ingeniería de Materiales. Edición 3. Editorial Ibero.

[30] CALEB, Hornbostel. Materiales para construcción. México: Limusa Noriega editores, 1999.

[31] MORALES, Ing. Jorge Mario. "Materiales de Construcción", USAC, Guatemala.

transforma el material, sus partículas no tienen una cohesión estable y además, aunque tienen la capacidad de unirse con otras partículas estos enlaces no son estables.

4.1.1. Aglomerantes aéreos

4.1.1.1. Yeso

El yeso es el aglomerante más antiguo, sobre todo en países de clima seco, en Egipto ya se conocía el yeso. Se utiliza para varias utilidades, como aglomerante, revestimiento, acabado, etc. La masa fresca de yeso es muy manejable y durante el fraguado gana volumen por lo que es un material que llena muy bien los moldes para piezas prefabricadas. Además tienen muy poca retracción hidráulica y endurece muy rápido, de modo que permite desmoldar rápidamente. Por todo esto se ha utilizado mucho y se ha mejorado el proceso de fabricación para seguir siendo un material muy utilizado sin ser desterrado por el cemento.

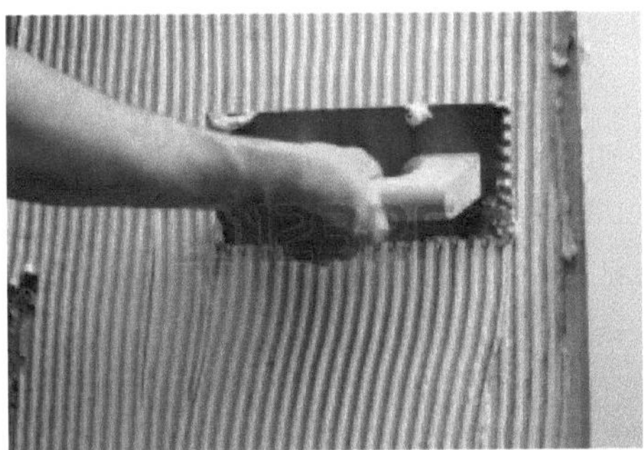

Mortero de yeso, es menos resistente pero su ventaja es que endurece rápidamente.
Fuente: https://sites.google.com/site/luiswikitecnologia/home/2-materiales-petreos-aglomerantes/1-yeso-cemento-mortero-hormigon-aplicaciones

4.1.1.1.1. Principales propiedades del yeso

Aumento de la temperatura en el fraguado

Es precisamente lo que permite obtener una consistencia sólida. Durante el fraguado se desprende calor y esta liberación es como la marca propia del yeso, como su ADN.

Expansión durante el fraguado

Durante el fraguado hay un aumento de volumen. Se debe a que las redes de cristales se conforman más rápidamente. Esta expansión es en general de consecuencias positivas, como en el caso de revestimientos continuos en los que las fisuras quedan casi inexistentes.

Gran absorción

Es un material muy permeable debido a la gran porosidad que tiene. En el yeso se forman todos estos poros por la cantidad de agua que se pierde. Cuanta más agua se pierda más poros tendrá el material final y más absorberá.

Esta característica depende para qué puede ser muy útil, como en el caso de aislantes acústicos. Pero también puede retracción hidráulica y endurece muy rápido, de modo que permite desmoldar rápidamente. Por todo esto se ha utilizado mucho y se ha mejorado el proceso de fabricación para seguir siendo un material muy utilizado sin ser desterrado por el cemento.

Aumento de la temperatura en el fraguado

Es precisamente lo que permite obtener una consistencia sólida. Durante el fraguado se desprende calor y esta liberación es como la marca propia del yeso, como su ADN.

Expansión durante el fraguado

Durante el fraguado hay un aumento de volumen. Se debe a que las redes de cristales se conforman más rápidamente. Esta expansión es en general de consecuencias positivas, como en el caso de revestimientos continuos en los que las fisuras quedan casi inexistentes.

Gran absorción

Es un material muy permeable debido a la gran porosidad que tiene. En el yeso se forman todos estos poros por la cantidad de agua que se pierde. Cuanta más agua se pierda más poros tendrá el material final y más absorberá. Esta característica depende para qué puede ser muy útil, como en el caso de aislantes acústicos. Pero también puede ser un punto débil del yeso de cara a la humedad. Como impermeabilizarlo puede ser muy caro lo mejor es emplear el yeso en los ambientes más adecuados.

Resistencia mecánica de la masa endurecida

Los yesos alcanzan bastante rápido su resistencia, aunque esta dependa de su humedad. Le cuesta entre 5 y 7 días al contrario del cemento que tarda 28 días. En dos horas puede alcanzar el 50% de la resistencia final lo cual resulta muy útil para las piezas prefabricadas. Permite el desmolde muy rápido y su utilización en varias piezas. Como además aumenta de volumen durante el fraguado rellena muy bien el molde y no hay necesidad de vibrar.

De todos modos la resistencia que alcanza en comparación con el cemento es muy baja, así pues no puede ser un material estructural. Su resistencia a tracción y cortante es:

- TRACCIÓN: 0,10 - 0,15 de la resistencia a compresión
- CORTANTE: 0,5 de la resistencia a tracción

Estos valores, aunque varían según el tipo de yeso y de fabricante, son más o menos constantes para todos los yesos. Concretamente dependen de la naturaleza del yeso comercial (materia prima), del proceso de fabricación, de las adiciones añadidas, de la finura de la molienda y sobre todo de la cantidad de agua de amasado por los poros que deja y de la cantidad de humedad que tiene en el momento de rotura.

Dureza superficial

No es muy alta pero sí suficientemente para muchos usos no estructurales. Aún y toda la dureza superficial se ha ido mejorando con el tiempo. Una forma de aumentar la dureza superficial es reduciendo la relación agua - yeso en el amasado. También se utilizan tratamientos superficiales.

Adherencia a un soporte

Dependiendo siempre de la naturaleza del soporte. Por naturaleza el yeso tiene muy buena adherencia. En la adherencia de los aglomerantes se tiene en cuenta la naturaleza química y física de la unión.

Siempre tenemos una tensión que tiende a separar el aglomerante de la superficie, y esta fuerza es igual a la fuerza entre la superficie del soporte. Por eso, cuanto más rugoso sea el soporte más superficie tendrá y mejor adherencia habrá. También hay productos que ayudan a la adherencia. En los yesos ésta puede fallar por:

- o Humedad en los soportes. Si hay humedad continuamente el yeso acaba desprendiéndose porque se van rompiendo los cristales del yeso.

o Amasado y utilizaciones inadecuadas.

o Por formación de eflorescencias expansivas detrás del revestimiento. El soporte tiene humedad y se van precipitando sales expansivas que acaban rompiendo la unión entre yeso y soporte.

o En capas sucesivas de yeso se pueden dar absorciones de una capa a otra de yeso.

Resistencia al fuego

Los yesos son incombustibles según la normativa. Además, su poca conductividad térmica hace que no trasmita el calor a la estructura. Al contener parte de agua lo primero que ocurre es que el yeso se deshidrata totalmente, con esto ya consume muchas calorías, por lo tanto para que el fuego llegue a la estructura tiene que exponer al yeso durante mucho tiempo.

El yeso se utiliza en protección contra incendio, un recubrimiento de 5cm da dos horas de resistencia al fuego, 7cm da tres horas.

Moldabilidad

El yeso es un material muy moldeable y se adapta muy bien a los moldes. Además, es muy fácil de partir. Esto es una ventaja a la hora de hacer prefabricados y de colocarlos.

Utilización de los yesos
Los yesos se utilizan:

o En obra, amasado

o Fraguado en elementos prefabricados

Sus aplicaciones:

- Raramente en exteriores, casi siempre en interiores
- Pocas veces en usos públicos

Como conglomerante tiene muy poco uso, más como un conglomerante auxiliar o provisionalmente para dejar marcas, por ejemplo. Aunque su uso en obra va por regiones, pues hay donde se utiliza para asiento de fábricas de ladrillos. Sobre todo, se usa como revestimiento continuo tanto de paramentos como de techos. También se usan otros conglomerantes, dependiendo de la terminación. También puede ser monocapa o multicapa, combinando uno o varios conglomerantes.

Las características de los revestimientos, que son lo que más encarece, son:
- Grado de planeidad, maestrado o sin maestras, a ojo.
- Aristas, cóncavas y convexas.
- Textura.

4.1.1.2 Cal aérea

Es un producto resultante de la descomposición de las rocas calizas por la acción del calor. Estas rocas calentadas a más de 900°C producen el óxido de calcio, conocido con el nombre de cal viva, producto sólido de color blanco y peso específico de 3.4 kg/cm. Esta cal viva puesta en contacto con el agua se hidrata (apagado de la cal) con desprendimiento de calor, obteniéndose una pasta blanda que amasada con agua y arena se confecciona el mortero de cal o estuco, muy empleado en exteriores. Esta pasta limada se emplea también en imprimación o pintado de paredes y techos de edificios y cubiertas.

Obtención de la cal

Se puede obtener mediante las fases siguientes:

1º. - Extracción de la roca. El arranque de la piedra caliza puede realizarse a cielo abierto o en galería y por distintos medios, según la disposición del frente. Los bloques obtenidos se fragmentan para facilitar la cocción.

2º. - Cocción o calcinación. El carbonato de calcio ($CaCO_3$), componente principal de las calizas, al someterlo a la acción del calor se descompone en anhídrido carbónico y oxido de calcio o cal viva, produciéndose la reacción química:

Para lograr la reacción de descomposición es necesario que la temperatura del horno sea superior a 900ºC.

Tipo de hornos para la cocción:

- o Horno de campana.
- o Horno intermitente de cuba.
- o Horno continuo.

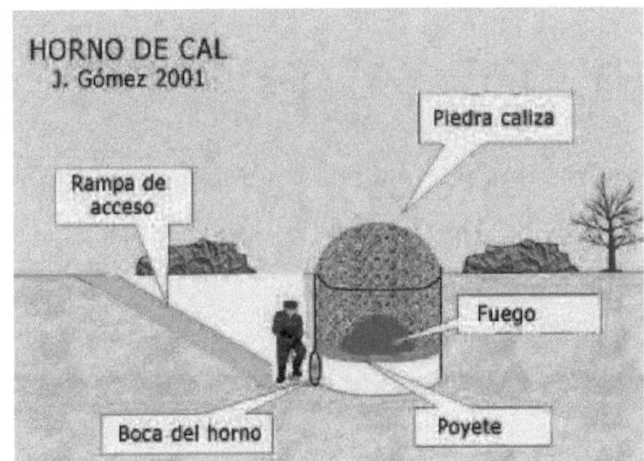

Fuente: http://villadeorgaz.es/orgaz-calero-la-calera.htm

Para obtener la cal viva a partir de la piedra caliza, que previamente ha sido extraída de las canteras o "sacaizos", es necesario someter la piedra a un proceso de calcinación, por la acción del fuego.

3°. - Apagado de la cal. El óxido cálcico, o cal viva, no se puede emplear en la construcción de forma directa: es necesario hidratarla. Para ello, se la pone en contacto con el agua, operación que se llama apagado de la cal. Esta operación se puede efectuar por uno de los métodos siguientes:

- **Por aspersión.** Se extienden los terrones de cal viva sobre una superficie plana; seguidamente, se les riega con una cantidad de agua que oscile entre un 25% y un 50% con relación al peso; se cubren con arpilleras o capas de arena, para que se efectúe un apagado lento y completo. Y se obtiene cal en polvo.

- **Por inmersión.** Se reducen los terrones de cal al tamaño de grava. Esa grava se coloca en unos cestos de mimbre o de otro material y se introducen en agua, durante 1 minuto aproximadamente. A continuación, se vierten en un sitio preservado de corrientes de aire, donde la cal se va convirtiendo en polvo, a medida que se forma el apagado.

- **Por fusión.** Se introducen los terrones de cal en unos depósitos o recipientes que, a continuación, se llenan de agua. Cuando se ha efectuado el apagado, se obtiene una pasta blanda y untuosa, lo cual se cubre con una capa de arena para evitar su carbonatación.

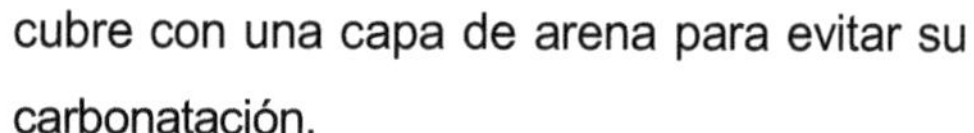

Esquema: El mortero de cal una vez colocado en las construcciones (arriba a la derecha) absorbe CO2 (carbonatación) y con el tiempo vuelve a convertirse en roca caliza, Maravillas de los materiales sanos tradicionales,

Fuente: http://supermanitas.blogspot.com/2012/07/una-de-cal-y-una-encimera.html

Hornos de cal de Masma
Parte superior del horno
Fuente: http://www.mondonedo.net/galeria/displayimage.php?pid=2835

Aplicaciones

La mayor utilidad que se le da a la cal es en prefabricados, hay dos familias con cal aérea: los ladrillos silicocalcáreos y morteros celulares de cal. Los ladrillos silicocalcáreos parten de cal aérea mezclada con arena de sílice muy fina y agua, por lo tanto, es un mortero. Estas piezas son muy macizas y más pesadas que los ladrillos cerámicos, por la propia densidad del material y por lo compacta que está la masa, aguantan perfectamente un muro de carga. Son totalmente blancos y tienen una textura muy fina, lo que luego hace que tengan muy poca adherencia con el mortero empleado. En climas húmedos acaban manchándose mucho.

Los morteros celulares de cal se hacen con cal aérea apagada, arena de sílice y agua. A esta mezcla, cuando está muy bien amasada se le añade polvo de aluminio. También se hacen piezas armadas. Tenemos como resultado sistemas constructivos muy cómodos y rápidos de ejecutar. La gran ventaja que tienen estos morteros es su gran trabajabilidad, la capacidad de aislante térmico y acústico. Además, siguiendo correctamente las indicaciones del fabricante, se pueden hacer fábricas con él.

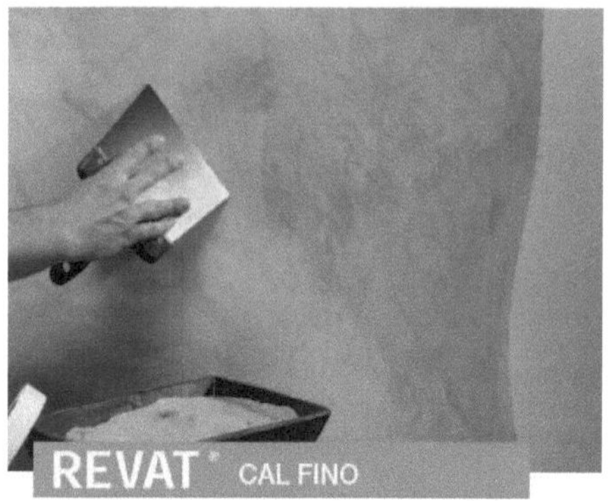

Estuco a base de cal en pasta y un árido muy fino

Fuente: http://ferrolan.es/revat-cal-fino-estuco-fino-de-cal-acabados-mate-o-brillante/

4.1.2. Aglomerantes Hidráulicos

4.1.2.1. Cemento[32],[33]

Es el material aglomerante más importante de los empleados en la construcción. Se presenta en estado de polvo, obtenido por cocción a 1550° C una mezcla de piedra caliza y arcilla, con un porcentaje superior al 22% en contenido de arcilla. Estas piedras, antes de ser trituradas y molidas, se calcinan en hornos especiales, hasta un principio de fusión o vitrificación.

---

[32] ENCICLOPEDIA de las Ciencias. México: Editorial Cumbre S.A., 1987.

[33] CALEB, Hornbostel. Materiales para construcción. México: Limusa Noriega editores, 1999.

Fuente: https://elmundoinfinito.com/cemento/
http://www.afamat.es/cementos-grises/saco-cemento-gris-25-kg

Proceso de obtención del cemento

La piedra caliza en una proporción del 75% en peso, triturada y desecada, junto a la arcilla en una proporción del 25% se muele y mezclan homogéneamente en molinos giratorios de bolas. El polvo así obtenido es almacenado en silos a la espera de ser introducidos en un horno cilíndrico con el eje ligeramente inclinado, calentado a 1600º C por ignición de carbón pulverizado, donde la mezcla caliza arcilla, sufre sucesivamente un proceso de deshidratación, otro de calcinación y por último el de vitrificación.

El producto vitrificado es conducido, a la salida del horno a un molino-refrigerador en el que se obtiene un producto sólido y pétreo conocido con el nombre de clinker, que junto a una pequeña proporción o pequeña cantidad de yeso blanco o escayola es reducido a un polvo muy fino, homogéneo y de tacto muy suave en molinos de bolas giratorias, como es el cemento, que es almacenado en silos para su posterior envasado y transporte.

Cementos Pórtland

Llamado así a su color, semejante al de la piedra de las canteras inglesas de Portland, es un conglomerante hidráulico, obtenido por la pulverización del clinker, y sin más adición que la piedra de yeso natural, en un porcentaje no superior al 5%, para retrasar el fraguado de los silicatos y aluminatos anhidros, que forman el clinker. Su color es gris, más o menos oscuro, según la cantidad de óxido férrico.

Eventualmente puede darse la denominación comercial del cemento Portland a aquel que, además de los componentes principales, clinker y piedra de yeso, contenga otras adiciones no nocivas, en proporción inferior al 10%, con objeto de mejorar algunas cualidades. Se fabrican varias clases de cemento, las cuales se determinan con unas siglas, compuestas de letras, que son las iniciales de su nombre y un número indicador de la resistencia mínima a la compresión, en kilogramos por centímetro cuadrado, que, a los 28 días, debe alcanzar el mortero confeccionado con tres partes de arena normal (97% de sílice y de granulometría fijada) y una de cemento

Cementos aluminosos

Contienen, debido a la bauxita, altos porcentajes de aluminio. Su fórmula es SiO_2 Al_2O_3 H_2O. El proceso de cocción nos da directamente $AC + A_3C_5 + A_5C_3$.

Estos cementos nunca se emplean en obra por ser muy inestables. Al cabo de los años siguen reaccionando y por un lado pierden resistencia llegando a desintegrarse. Además, dan ALUMINOSIS, el hormigón se deshace y llega a dejar la armadura desprotegida. Si además el ambiente es muy agresivo es muy peligroso para la estructura.

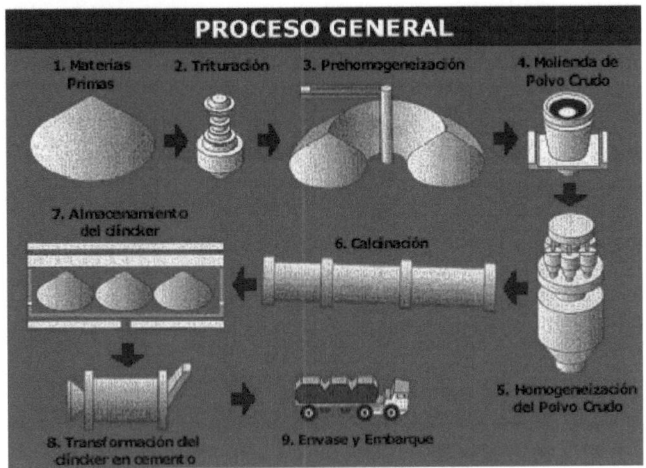

Proceso General en la fabricación de Cemento
Fuente: https://ingivanfuentesm2.es.tl/CEMENTO.htm

Cementos naturales

Son componentes cementosos menos elaborados que el clinker. Se utilizan muy poco como cementos, se usan más como adiciones. El cemento natural, llamado romano, atendiendo a su principio y fin de fraguado, se divide en:

- **Cemento rápido.** De aspecto y color terroso, por su alto contenido en arcilla (del 26% al 40%), es un aglomerante obtenido por trituración, cocción y reducción a polvo de margas calizas que, en la fase de cocción, ha sido sometido a una temperatura entre 1000º y 2000º C.

El principio de fraguado se origina entre los 3 y 5 minutos después de amasado, y se termina antes de los 50 minutos. Se designa con las letras NR, seguidas de un número, que expresa la resistencia a la compresión. Por ser la temperatura de cocción muy baja no llegan a formarse algunos silicatos, por lo que resulta un aglomerante de baja resistencia mecánica.

Normalmente, con este tipo de cemento no se hace mortero, aunque admite una cierta cantidad de arena. Se emplea en forma de pasta para usos similares a los del yeso, con la ventaja de fraguar en ambientes húmedos y de resistir a las aguas, en general.

- Cemento lento. Es de color gris, porque el contenido de arcillas de estas calizas está comprendido entre el 21% y el 25%. El fraguado se inicia transcurrido unos 30 minutos después de su amasado, y termina después de varias horas.

Para obtener esta clase de cemento, se calcinan las rocas calizas a una temperatura comprendida entre 1200° y 1400°C. Se designa con las letras NL, seguidas de un número, que expresan su resistencia a la compresión. El empleo de este tipo de cemento es cada vez más reducido, porque sus propiedades y características han sido superadas por los cementos artificiales.

4.1.2.2. Cal hidráulica

Es una variante de la cal viva. El porcentaje de arcilla en la roca caliza es superior al 5%, la cal que se obtiene posee propiedades hidráulicas, aun manteniendo las propiedades de la cal grasa. Por consiguiente, este tipo de cal puede fraguar y endurecer en el aire y debajo del agua.

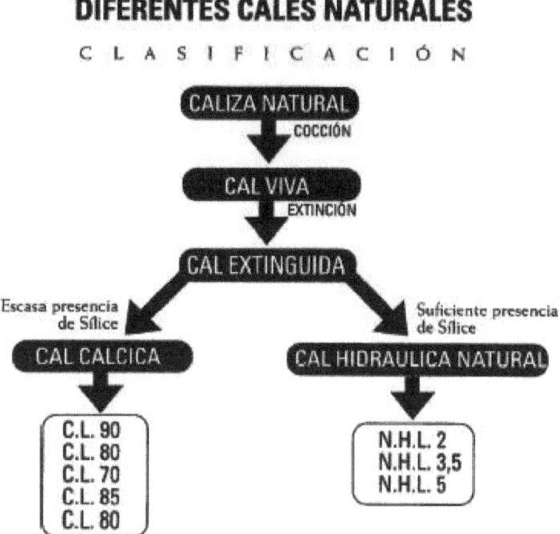

Fuente: http://www.rinconesdelatlantico.com/articulos.php?articulo=lacal&mes=2&year=2004

Usos de la cal hidráulica

La cal apagada, ligeramente soluble en agua, se mezcla con arena y agua para hacer el mortero. Una vez usada en el mortero la cal recupera el CO_2 tomándolo de la atmósfera y se transforma otra vez en carbonato cálcico (lo que se conoce como fraguado), recuperando su dureza original y devolviendo el agua que asimiló en el proceso de apagado.

Este mismo proceso es el fundamento del uso de la cal para la elaboración de pinturas murales con la técnica del fresco. La cal mezclada con arena y agua del revoque que se ha utilizado como base de las pinturas, se va endureciendo progresivamente al contacto con el anhídrido carbónico del aire. Este endurecimiento recupera en parte la caliza originaria, formando carbonato de calcio, con lo cual se consigue fijar los colores del fresco. La cal apagada desleída en agua, es lo que constituye la lechada de cal, que tradicionalmente se ha utilizado para enjalbegar (blanquear) las paredes de las casas. La cal apagada es una base fuerte, que absorbe   con intensidad el anhídrido carbónico del aire, recubriéndose de una película blanca de carbonato de cal.

Esto es lo que ocurre cuando dejamos secar la cal después de extenderla por la pared. Esta película tiene un marcado color blanco y resulta impermeable al agua, siendo este el motivo del uso tan extendido de la cal para recubrir tapias y fachadas en nuestros pueblos.

4.1.2.   Aglomerantes Hidrocarbonatos

4.1.3.1. Alquitrán

Conjunto de hidrocarburos que se obtienen de la destilación de sustancias que tienen materia orgánica como la hulla, la turba, la antracita.

El alquitrán no se obtiene como producto, sino como subproducto. Normalmente estos carbones vegetales (hulla, antracita), los calentamos para que se desprendan los hidrocarburos que guardan en su interior y entonces obtenemos el gas ciudad. Este gas va por unas tuberías, y en las tuberías encontramos un residuo viscoso que es a lo que llamamos alquitrán en bruto. Este alquitrán se le somete a un proceso de destilación, donde vamos separando aceites de distinta finura, y al final nos va a quedar sólo la brea. Con la brea y con aceites de distintas densidades, vamos a obtener el alquitrán con el que vamos a trabajar.

El principal inconveniente es un rápido envejecimiento que conlleva un endurecimiento de la capa más externa, que se haría frágil y podría romperse e incluso desaparecer.

Alquitranes que encontramos en el mercado

- Alquitranes con breas duras y aceites ligeros
- Alquitranes con breas menos duras y aceites más pesados

4.1.3.2. Asfaltos

Capa del pavimento resultante de cubrir la base, que puede ser granular o de grava-cemento, por una mezcla de áridos gruesos, áridos finos y un ligante bituminoso en proporciones previamente establecidas. Este último puede ser alquitrán, betún o emulsión asfáltica, o mezcla de los dos.

Propiedades del asfalto como aglomerante

El asfalto es un material aglomerante, resistente, muy adhesivo, altamente impermeable y duradero; capaz de resistir altos esfuerzos instantáneos y fluir bajo acción de calor o cargas permanentes. Componente natural de la mayor parte de los petróleos, en los que existe en disolución y que se obtiene como residuo de la destilación al vacío del crudo pesado.

Es una sustancia plástica que da flexibilidad controlable a las mezclas de áridos con las que se le combina usualmente. Su color varía entre el café oscuro y el negro; de consistencia sólida, semisólida o líquida, dependiendo de la temperatura a la que se exponga o por la acción de disolventes de volatilidad variable o por emulsificación[34]

---

[34] Proceso por medio del cual un líquido es dispersado en otro en forma de pequeñas gotas

Asfalto.
Fuente:
https://www.autocasion.com/actualidad/reportajes/como-quitar-las-manchas-de-asfalto-del-coche

4.1.3.3. Betún

Mezcla de hidrocarburos naturales o pirogenados (aquellos que se han sometido a tratamientos de calor); y son esencialmente solubles en sulfuro de carbono o en tricluroetileno.

Los betunes naturales son aquellos que aparecen en la naturaleza. El origen de estos betunes está en los petróleos que han subido a la superficie a través de fisuras y se han depositado allí; con el tiempo los materiales más ligeros que lo componían se evaporaron, quedando los componentes de mayor viscosidad.

Si estos betunes, los unimos a betunes artificiales, pues les confieren mejoras en cuanto a resistencias y durabilidad. A veces estos betunes impregnan rocas porosas y se las conoce como rocas asfálticas; y fueron el primer material bituminoso utilizado en pavimentación.

Procedencia de los betunes
   o Petróleos asfálticos: Son aquellos petróleos que guardan en su interior

gran cantidad de hidrocarburos cíclicos y aromáticos. Son los que van a producir mayor cantidad de betunes y de mayor calidad.

o Petróleos parafínicos: Los hidrocarburos que tienen en su interior son cadenas lineales.

o Petróleos semi asfálticos: Tienen contenidos intermedios de los dos anteriores.

Características de los betunes

o Fácil puesta en obra.

o Buena adhesividad a los áridos con los que los vamos a unir.

o Buena cohesión entre las partículas, para que pueda soportar sin romperse a los esfuerzos a los que le vamos a someter.

o Baja susceptibilidad térmica; esto significa que cuando se ponga en obra tenga comportamiento plástico, ya que este material viscoso cuando se calienta puede llegar a deformarse permanentemente y cuando está sometido a bajas temperaturas se fragiliza pudiendo llegar a romperse.

o Envejecimiento lento; para que no pierda las características con el tiempo y que así resulte más rentable el material.

o Elevada impermeabilidad.

4.1.4. Agregados[35]

Estos elementos son muy importantes por ser el material más económico que el cemento y por su facilidad de obtención, pero también por ser el elemento que da cuerpo (forma la estructura interna) al concreto, teniendo que cumplir con la especificaciones y proporciones de grava y arena, su tamaño requerido,

---

[35] VAN VLACK, Lawrence H. Materiales para Ingeniería. Cía. Editorial Continental S.A.

limpieza, lugar de procedencia y, en general, de la calidad de estos agregados y por sus características físicas, químicas y mecánicas dependerán directamente los resultados buscados.

Arena

Grava

Fuente: Elaboración Propia.

4.1.4.1. Propiedades y características

Al examinar la aptitud física de los agregados en general, es conveniente diferenciar las características que son inherentes a la calidad esencial de las rocas constitutivas, de los aspectos externos que corresponden a sus fragmentos. Entre las características físicas que contribuyen a definir la calidad intrínseca de las rocas, destacan su peso específico, sanidad, porosidad y absorción, resistencia mecánica, resistencia a la abrasión, módulo de elasticidad y propiedades térmicas.

Peso especifico

Es frecuente citar el término densidad al referirse a los agregados, pero aplicado más bien en sentido conceptual. Por definición, la densidad de un sólido es la masa de la unidad de volumen de su porción impermeable, a una temperatura especificada, y la densidad aparente es el mismo concepto, pero utilizando el peso en el aire en vez de la masa. Ambas determinaciones suelen expresarse en gramos entre centímetro cúbico (g/cm3) y no son rigurosamente aplicadas en las pruebas que normalmente se utilizan en la tecnología del concreto, salvo en el caso del cemento y otros materiales finamente divididos.

Porosidad y absorción

Todas las rocas que constituyen los agregados de peso normal son porosas en mayor o menor grado, pero algunas poseen un sistema de poros que incluye numerosos vacíos relativamente grandes (visibles al microscopio), que en su mayoría se hallan interconectados, y que las hace permeables. De este modo algunas rocas, aunque poseen un bajo porcentaje de porosidad, manifiestan un coeficiente de permeabilidad comparativamente alto, es decir, más que el contenido de vacíos influye en este aspecto su forma, tamaño y distribución.

Sanidad

En la terminología aplicable, la sanidad se define como la condición de un sólido que se halla libre de grietas, defectos y fisuras. Particularizando para el caso de los agregados, la sanidad se describe como su aptitud para soportar la acción agresiva a que se exponga el concreto que los contiene, especialmente la que corresponde al intemperismo. En estos términos, resulta evidente la estrecha relación que se plantea entre la sanidad de los agregados y la durabilidad del concreto en ciertas condiciones.

Resistencia mecánica

De acuerdo con el aspecto general del concreto convencional, en este concreto las partículas de los agregados permanecen dispersas en la pasta de cemento y de este modo no se produce cabal contacto permanente entre ellas. En tal concepto, la resistencia mecánica del concreto endurecido, especialmente a compresión, depende más de la resistencia de la pasta de cemento y de su adherencia con los agregados, que de la resistencia propia de los agregados solos. Sin embargo, cuando se trata del concreto de muy alta resistencia, con valores superiores a los 500 kg./cm2, o del concreto compactado con rodillo (CCR) en que si se produce contacto entre las partículas de los agregados, la resistencia mecánica de éstos adquiere mayor influencia en la del concreto.

Resistencia a la abrasión

La resistencia que los agregados gruesos oponen a sufrir desgaste, rotura o desintegración de partículas por efecto de la abrasión, es una característica que suele considerarse como un índice de su calidad en general, y en particular de su capacidad para producir concretos durables en condiciones de servicio donde intervienen acciones deteriorantes de carácter abrasivo. Asimismo, se le considera un buen indicio de su aptitud para soportar sin daño, las acciones de quebrantamiento que frecuentemente recibe el agregado grueso en el curso de su manejo previo a la fabricación del concreto.

Módulo de elasticidad

Las propiedades elásticas del agregado grueso son características que interesan en la medida que afectan las correspondientes del concreto endurecido, en particular su módulo de elasticidad y su relación de Poisson[36].

---

[36] El módulo de Poisson del concreto representa la relación entre la deformación unitaria transversal y la deformación unitaria longitudinal o axial de algún elemento, este parámetro se determina normalmente de acuerdo a la norma ASTM C-469 durante una prueba de compresión de un cilindro estándar.

Propiedades térmicas

El comportamiento del concreto sometido a cambios de temperatura, resulta notablemente influido por las propiedades térmicas de los agregados; sin embargo, como estas propiedades no constituyen normalmente una base para la selección de los agregados, lo procedente es verificar las propiedades térmicas que manifiesta el concreto, para tomarlas en cuenta al diseñar aquellas estructuras en que su influencia es importante.

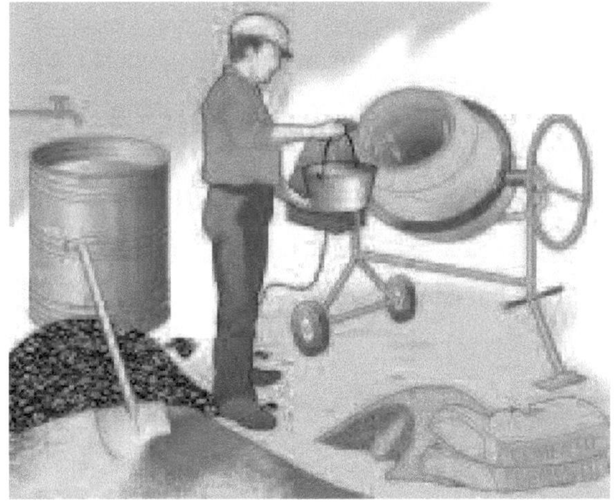

Los **componentes del hormigón** son cemento, arena y grava, y agua en diferentes proporciones, según el tipo de hormigón que se desee obtener, es decir, según sus condiciones de dureza, tiempo de fraguado y resistencia a los agentes medioambientales.

Fuente. https://www.slideshare.net/franciscoortegaalbert/hormigon-armado/2?smtNoRedir=1

4.1.4.2. Clasificación

4.1.4.2.1. Agregados gruesos

Los agregados gruesos que se utilizan al mismo tiempo que las arenas para la dosificación de los concretos, deberán satisfacer las condiciones de estas, debiendo estar limpios, ser resistentes y tener una composición química estable. El agregado grueso es un material granulado como la grava o piedra triturada, usado en la dosificación del concreto.

El agregado grueso, se define de la siguiente manera[37]:

1. Agregado predominantemente retenido sobre el tamiz No. 4 (4.75mm.); o

2. Aquella porción de un agregado retenida sobre el tamiz No. 4 (4.75mm.).

Es importante hacer notar que la aplicación de una u otra de estas definiciones depende de las circunstancias; así como la definición (1) se aplica a la totalidad de un agregado bien sea en su estado natural o después de haber sido procesado, y la definición (2) se aplica a una porción de un agregado. Las propiedades y la granulometría requeridas deben ser declaradas en las especificaciones del caso.

Forma de los granos

Se ha comprobado que la masa de los agregados gruesos que presentan mayor resistencia y compacidad es la constituida por partículas de forma aproximadamente esférica, debido a que se reduce el porcentaje de vacíos que existe entre las partículas haciendo la masa de los agregados más compacta.

---

[37] según la COGUANOR NGO 41 006 (Guatemala). "Terminología referente al hormigón y a los agregados para hormigón".

Preparación de los agregados

Los agregados deben prepararse para su empleo de la forma siguiente:

a) Tamizándolos, para obtener sus distintos gruesos de acuerdo con el agregado del que se requiera.

b) Lavándolos, para eliminar sales, arcillas y otras sustancias extrañas.

c) Secarlos si en caso fuera necesario para su empleo.

Tamizado y lavado

El tamizado y lavado de los agregados es un trabajo que se considera indispensable, cuando se quieren obtener materiales inertes que garanticen la futura calidad del concreto.

De los bancos naturales y de la trituración de las rocas nunca se obtienen agregados con granulometría que satisfaga las normas, por lo que es necesario el tamizado cuyo objeto es lograr una selección dependiendo de los tamaños de los granos; esta operación se puede hacer mediante sistemas mecánicos y manuales, de acuerdo con la necesidad a satisfacer.

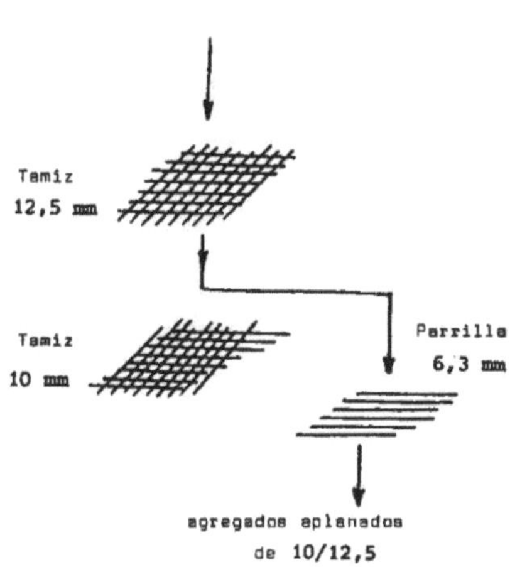

Diferentes tipos de Tamiz para Agregados Gruesos

Fuente:

http://civilgeeks.com/2011/10/04/influencia-de-la-forma-de-los-agregados-en-el-concreto/

4.1.4.2.2. Agregados finos

La arena está constituida por granos sueltos y de estructura cristalina que provienen de la disgregación de las rocas naturales, por procesos mecánicos o químicos que arrastrados por corrientes de agua o aire se acumulan en diferentes lugares. Las arenas artificiales se obtienen mediante la trituración y molienda de rocas duras determinadas.

De acuerdo con su origen, las arenas toman los siguientes nombres.

1. Sílicas o cuarzonas.
2. Calizas.
3. Graníticas y arcillosas.

Se define el agregado fino de la siguiente manera:

1. Agregado que pasa el tamiz No. 9.5mm., que pasa casi completamente el tamiz No. 4 (4.75mm.) y es retenido casi en su totalidad por el tamiz No. 200 (75μm).

2. Aquella porción de un agregado que pasa por el tamiz No. 4 (4.75mm) y que es retenida sobre el tamiz No. 200(75μm).

Es importante aclarar que la aplicación de una u otra de estas aplicaciones depende de las circunstancias; Así: la definición (1) si aplica a la totalidad de un agregado bien sea en un estado natural o después de haber sido procesado y, la definición (2) se aplica a una porción de un agregado. Las propiedades y la granulometría, requeridas deben ser declaradas en la especificación del caso.

Con respecto a su dureza y estabilidad química las arenas sìlicas son mejores; las arenas calizas provienen de rocas calizas muy duras, no aceptando las de tipo blando. Las arenas de origen granítico, por su alterabilidad y por su poca homogeneidad, no deben usarse salvo en el caso de que contengan bastante cuarzo.

Tipos de arena

Las arenas de acuerdo a su procedencia o a su localización se denominan:

- De río
- De mina
- De playa o duna
- Artificiales.

Las arenas de río, generalmente de partículas redondas por el acarreo que han sufrido, pueden contener arcillas y otras impurezas como la materia orgánica, o bien ser demasiado finas, según su localización.

Las arenas de minas son las depositadas en el interior de la tierra; están generalmente formadas por granos angulosos, conteniendo arcillas y materias orgánicas dependiendo de la cantidad y de la calidad de las impurezas que contienen estas arenas, se presentan en color azul, gris pardo y rosa. Las arenas de color azul presentan un porcentaje de pureza mayor que las dos restantes debido a que las arenas de color gris pardo tienen un alto porcentaje de polvo y las rosas contienen óxido, pero mediante el procesado de tamizado y lavado se puede mejorar para su aprovechamiento.

Las arenas de playa o duna solamente se pueden emplear mediante un proceso de lavado con agua dulce, siempre y cuando tengan la granulometría adecuada, pues contienen sales alcalinas que absorben la humedad, dando con el tiempo cambios perjudiciales en la resistencia del concreto.

Las arenas artificiales son de granos angulosos y superficies rugosas; no contienen polvo suelto por el proceso de tamizado y selección a que son sometidas después de ser trituradas y molidas. Son aptas para los morteros y concretos siempre y cuando provengan de rocas duras y no tengan aristas vivas y ángulos muy agudos, pues esto hace que disminuya la resistencia del concreto.

Arena de Sílice
La arena de sílice es utilizada en la construcción de senderos, caminos, explanadas, campos de golf, campos deportivos, césped artificial, entre otros. Evita la compresión del terreno y asegura su correcto drenaje.

Forma de los granos

Cuando se requiere máxima resistencia e impermeabilidad, es necesario que el agregado presente la máxima compactibilidad o sea que presente el mínimo porcentaje de vacíos y cuando solo se necesita determinada   resistencia basta que la lechada (aglutinante de cemento y agua) sea lo suficiente para cubrir la superficie de contacto de partículas del agregado.

Se ha comprobado que la misma forma esférica de los granos, además de proporcionar morteros más manejables y resistentes, proporcionan también mezclas más económicas, ya que los granos de forma alargada o con aristas vivas representan, con relación al volumen, un área mucho valor que es preciso cubrir con la lechada.

Las arenas de forma esférica, además de presentar una masa más compacta que otra de granos angulosos, y proporcionen menor superficie de contacto entre si y menos superficie a recubrir con lechadas, por consiguiente cuanto más se aproxime la forma de los granos a la esfera, tanto más compactos, resistentes y económicos resultarán los concretos.

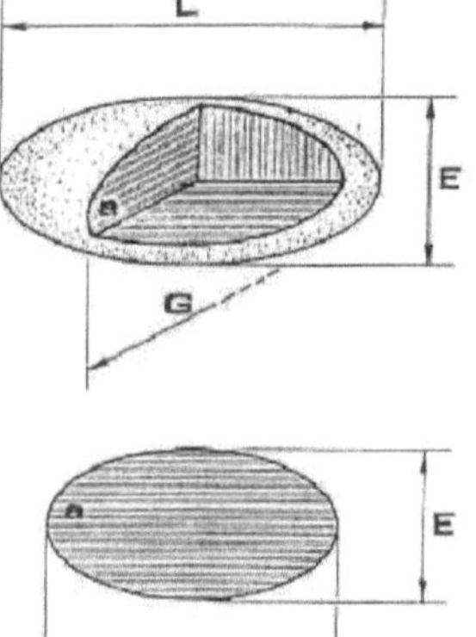

La menor trabajabilidad del concreto con agregados aplanados o alargados se encuentra en la mayor superficie con relación al volumen, que origina mayor frotamiento interno. Asimismo, en las dificultades para su colocación en el pastón.

La forma de los elementos granulares está definida por tres dimensiones, la longitud "L", el grosor "G", y el espesor "E", de manera:

$$L > G > E$$

Fuente: http://civilgeeks.com/2011/10/04/influencia-de-la-forma-de-los-agregados-en-el-concreto/

Tamaño de los granos

El tamaño de las granos de la arena es muy importante en la dosificación de morteros, y la proporción en la que se encuentran los granos de distinto tamaño; constituye la composición granulométrica de la muestra y la optima estructura granulométrica es aquella en la que combinan granos finos, medianos y gruesos, para dar la máxima compacidad y reducir de esta forma el porcentaje de vacíos, es decir, cuando los granos finos llenan los vacíos de los granos medianos y estos llenan los vacíos de los granos gruesos.

Agregados de baja densidad

Los agregados livianos, al igual por los compuestos para concreto normal, deberán satisfacer la condición de estar limpios, ser resistentes y de forma y tamaños adecuados y de composición estable. Las propiedades de los agregados livianos son muy variables por lo que la resistencia del concreto depende de las propiedades físicas del agregado liviano que se utilice para su dosificación.

Se define agregado liviano de la forma siguiente[38]:

Agregado de baja densidad usado en la producción de hormigón liviano. Tales agregados incluyen arcilla en forma suelta o en forma compresionada, esquisto, pizarra, esquisto diatomáceo, perlita, vermiculita o escoria, piedra pómez, escoria volcánica, tufa, diatomita, ceniza muy fina compresionada y cenizas industriales.

---

[38]Según la "terminología referente al hormigón y a los agregados para el hormigón" establecida por la COGUANOR NGO 41 006, Guatemala.

Los concretos elaborados con agregados livianos presentan una resistencia menor que los concretos dosificados con agregados más pesados y resistentes utilizados para diseño estructural, sin embargo, estos concretos de baja resistencia tienen propiedades aislantes mejores y las contracciones que sufren son mayores que las de los normales.

Agregados de Alta Densidad

Estos agregados son aquellos cuya masa específica (densidad relativa) es mayor de 3.000 kg/m^3. Los materiales de este tipo son: magnetitas, barritas, limonita, ferro fósforo y balines o rebabas de acero. Estos aglomerados de gran peso se usan en lugar de grava a fin de producir concreto de alta densidad; por ejemplo, los que se emplean para forrar reactores nucleares. Si se utilizan agregados pesados, como trozos de acero, se obtienen mezclas densas de 4.000 kg/m3.

Agregados de escoria de altos hornos

Al tener el hierro fundido en el alto horno por cada 1000 toneladas de fundición se obtienen 700 toneladas de escoria. Según el tratamiento del baño fundido después de la colada de alto horno, la escoria que se obtiene es la escoria compacta, la escoria esponjosa o pómez siderúrgica, la arena de escoria granulada, o bien la lana de escorias que es de estructura fibrosa. Exceptuando esta última que se emplea como aislante térmico, todas las otras variedades de las escorias de altos hornos se emplean para preparar concreto.

La forma o variedad básica más importante para la fabricación de concreto ligero es la escoria espumosa o esponjosa de altos hornos; antes se denominaba pómez artificial, actualmente se denomina pómez siderúrgica.

La escoria fundida incandescente se envía a unos dispositivos especiales con ruedas espumadoras, tornillos esponjadores o cubetas, donde se ponen en contacto con el agua, con lo cual se enfrían violentamente y se contraen quedando solidificada con poros de tamaño mediano y grande.

Hay tipos muy ligeros y poco resistentes que sirven principalmente para aislamientos y otras variedades bastante sólidas y muy resistentes, con pesos específicos mayores, que dan concretos ligeros que pueden soportar cargas. La piedra pómez siderúrgica es el árido apropiado para la fabricación de bloques esponjosos siderúrgicos, que aglomerados con cal o cemento y endurecidos al aire, con vapor o con gas carbónico, proporcionan resistencias de 20 a 30 kg/cm^2.es también utilizada para el moldeo in situ de paredes, la fabricación de bloques y placas de concreto ligero.

La propiedad química más significativa de la escoria espumosa cuando se usa como agregado de concreto es su hidraulicidad[39].

Métodos y procedimiento de fabricación

Los agregados se extraen de los subsuelos, la toma de muestra de los áridos varían según la fuente de suministro que se trate, ya sea de:

De Canteras: Aquellos depósitos de roca, en forma consolidada y en volumen y características físicas y químicas

---

[39] Propiedad de una cal, cemento o mortero, que le permite fraguar debajo del agua o en situaciones en las cuales no es posible el acceso de aire.

suficientes como para justificar la extracción y uso en la elaboración de agregados.

De Depósitos sueltos: Que fueron formados por acción eólica, glaciar o hidrológica y se encuentran localizados en las faldas de montañas, en lechos secos de ríos , y en antiguos valles o canales submarinos. Estos depósitos tienen la ventaja de que su mineral se puede extraer más fácilmente.

De ríos o lagunas: Representan fuentes de agregado procesado naturalmente por el flujo y las corrientes de agua, y poseen una gran variedad de minerales, proveniente de todos los sitios por donde pasa el curso del río.

A continuación, se prosigue con el procesamiento. En el caso de la arena sólo se criba, pero si se trata de grava, se tritura en diversas fases, según se requiera, hasta que, mediante bandas de transportación arriba a una quebradora, en donde se obtiene el material en las medidas requeridas; éste se clasifica y almacena cuidadosamente para evitar contaminación y segregación. Es recomendable que la transportación implique el menor movimiento posible ya que eso puede afectar la curva granulométrica por fractura del material.

Dos formas de limpiar la grava contaminada son: el cribado, antes de que ingrese a la quebradora, proceso mediante el cual el material es sacudido repetidas ocasiones provocando la caída de contaminantes, y el lavado, mediante chorros de agua a presión que caen a las cribas. La arena se lava mediante helicoidales inclinados, que a la vez que remueven el material con agua, ésta lo impulsa a la salida.

4.1.5. Morteros[40],[41],[42]

En construcción se da el nombre
de mortero a una mezcla de uno o
dos conglomerantes y arena.
Amasada con agua, la mezcla da
lugar a una pasta plástica o fluida
que después fragua y endurece a
consecuencia de unos procesos
químicos que en ella se producen.

El mortero se adhiere a las superficies más o menos irregulares de los
ladrillos o bloques y da al conjunto cierta compacidad y resistencia a la
compresión. Los morteros se denominan según el conglomerante utilizado:
mortero de cal o de yeso. Aquellos en los que intervienen dos conglomerantes
reciben el nombre de morteros bastardos.

4.1.5.1. Propiedades y características
Resistencia

Cuando se emplea el mortero para unir piezas de una fábrica resistente, este
actúa como elemento resistente. Estas resistencias se combinan con las de
otros elementos constructivos (ladrillos, bloques de hormigón, etc.).

Por lo expuesto las medidas directas de resistencia sobre el mortero no son
válidas para conocer la resistencia de la obra realizada con él, pero son el

---

[40] GALAN Huertos, E. Palygorskita y sepiolita. Textos Universitarios (C.S.I.C.) 1990.

[41] ENCICLOPEDIA de las Ciencias. México: Editorial Cumbre S.A., 1987
[42] MORALES, Ing. Jorge Mario. "Materiales de Construcción", USAC, Guatemala.

criterio adoptado por las Normas Internacionales, puesto que permiten un control   estadístico del mortero en sí, independientemente de los otros materiales de construcción.

Resistencia a flexión

Para determinarla, se confeccionan 3 probetas de unas dimensiones de 4x4x16 cm, del mortero que se está utilizando en obra, que se conservan en ambiente húmedo y se rompen a flexión a los 28 días. La resistencia a flexión del mortero será el valor medio de los 3 valores obtenidos expresado en kg/cm^2.

Resistencia a compresión

Para determinarla, cada uno de los trozos del prisma roto por flexión, se ensaya después a compresión, ejerciendo el esfuerzo sobre una sección de 4x4 cm. La resistencia a compresión del mortero será el valor medio de los 6 valores obtenidos, expresado en kg/cm^2. La resistencia a compresión de un mortero se realizará de acuerdo con el método operativo, utilizando para los ensayos los materiales que se emplean en obra.

Prueba de resistencia a la compresión del concreto
Rotura por compresión de cilindro de mortero.

Fuente:

http://www.imcyc.com/ct2006/junio06/PROBLEMAS.pdf

Adherencia

En principio, es la principal cualidad que se exige un mortero, ya que de ella depende la resistencia de los muros frente a solicitaciones de cargas excéntricas, transversales, o de pandeo, la estabilidad de los recubrimientos bajo tracciones externas o internas y la perfecta unión de azulejos o losas a sus bases respectivas.

Esta propiedad se da tanto en el mortero fresco como en el endurecido, aunque por distintas causas.

- o **En el mortero fresco**: La adherencia es debida a las propiedades reológicas[43] de la pasta de cemento o cal. La adherencia en fresco puede comprobarse aplicando el mortero entre dos elementos a unir y separándolos luego al cabo de algunos minutos. Si el mortero permanece adherido a las dos superficies, existe buena adherencia.

En cambio, si se desprende con facilidad y no deja apenas señales en las bases, la adherencia es mala. En obra, esto es de gran interés, pues permite juzgar la calidad de un mortero, simplemente levantando un ladrillo colocado recientemente sobre él.

- o **En el mortero endurecido:** La adherencia depende, fundamentalmente, de la naturaleza de la superficie sobre la que se haya aplicado, de su porosidad y rugosidad, así como de la granulometría de la arena. Cuando se coloca el mortero fresco sobre una base absorbente, parte del agua de amasado, que contiene en disolución o en estado coloidal los componentes del conglomerante, penetra por los poros de la base produciéndose, en el interior de ésta,

---

[43] Es la ciencia de la deformación y el flujo de la materia.

fenómenos de precipitación y transcurrido un cierto tiempo se produce el fraguado, con lo que estos precipitados ejercen una acción de anclaje del mortero a la base, lográndose así la adherencia.

interesa, por tanto, que el mortero ceda fácilmente agua al soporte, y que la succión se produzca de manera continua, sin que existan burbujas de aire que la corten (como ocurriría con los morteros aireados).

Existen numerosos estudios sobre la adherencia de los morteros a distintos soportes. Existe un ensayo A.S.T.M. de adherencia entre dos bloques o dos ladrillos cruzados, unidos con una junta de mortero. Otros ensayos arrancan a tracción morteros colocados sobre distintas bases mediante chapas metálicas adheridas con resinas epoxícas a cilindros precortados en el mortero, o bien ensayan juntas ladrillo- mortero-ladrillo, con los ladrillos unidos a las placas tractoras con la citada resina.

Otros, someten a compresión soportes recubiertos de mortero y observan como se desprende este o utilizan probetas bloque- mortero-bloque que someten a flexotracción, o bien paneles de muro que cargan transversalmente hasta la rotura.

Ensayo adherencia mortero monocapa
Fuente:
https://www.patologiasconstruccion.net/2012/12/todo-lo-que-quiso-saber-sobre-la-adherencia-y-nadie-le-conto-iv-interpretacion-de-ensayos/

Retracción

Las pastas puras, si poseen alta relación agua / conglomerante, se retraen al perder el agua en exceso de que están compuestos. Parte de esa retracción es consecuencia de las reacciones químicas de hidratación de la pasta, pero el efecto principalmente se debe al secado.

Si se trata de un mortero, la arena actúa como esqueleto sólido que evita en parte los cambios volumétricos por secado y el peligro de agrietamiento subsiguiente. Si el secado es lento, el mortero tiene tiempo de alcanzar suficiente resistencia a tracción como para soportar las tensiones internas que se forman; pero cuando el tiempo es caluroso o con fuerte viento, que favorece la evaporación, la perdida de agua origina grietas de retracción, fácilmente apreciables en los recubrimientos a los que divide en porciones más o menos poligonales.

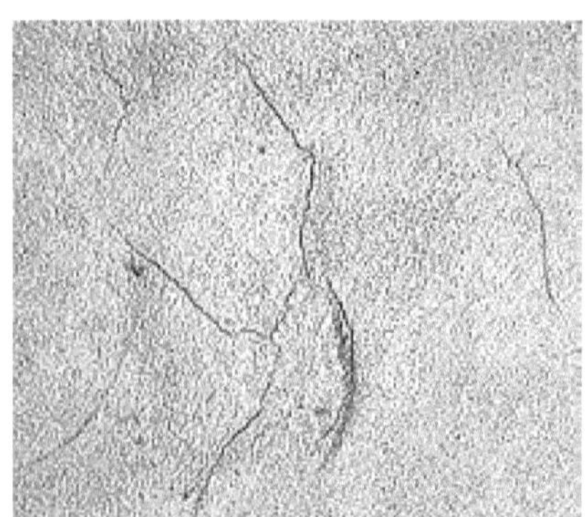

Fisuración por retracción plástica
Fuente:
https://www.construmatica.com/construpedia/Caracter%C3%ADsticas_de_los_Morteros

Durabilidad

Desde el mismo momento de la utilización de un mortero, existen una serie de factores que tienden a destruirlo, veamos cada uno de ellos y los métodos que se emplean para paliar los efectos.

Heladicidad

Cuando un mortero aun fresco se encuentra sometido a temperaturas comprendidas entre 5° y l0°C, las reacciones de hidratación del cemento son tan lentas que el mortero no fragua y, por tanto, no se puede realizar ningún trabajo con él. Si el mortero ya ha iniciado su fraguado o se trata de un mortero endurecido, pero saturado de agua, que permanece a temperatura inferior a 0°C, el agua contenida en los poros se congela, con lo que aumenta notablemente de volumen, ejerciendo una presión sobre los canales del conglomerante que puede llegar a disgregarlo.

Penetración de humedad

Cuando un muro, recubierto o no, está sometido a lluvia prolongada, o se encuentra en una zona de alta condensación de humedad, el agua penetra por capilaridad a su través.

En el caso de muros recubiertos y agrietados, el agua penetra en estado líquido por las fisuras, pero al secarse el muro por efecto del sol, el agua evaporada tiene dificultad para salir por las zonas no fisuradas, por lo que el mismo permanece húmedo por largos períodos de tiempo, con la consiguiente merma de resistencias y peligro de mohos, eflorescencias y manchas en el interior de los paramentos.

Para mejorar la impermeabilidad de la obra, se incrementará la densidad del recubrimiento, mediante la utilización de morteros bastardos. En estos, la cal se carbonata con el tiempo y tapona los canales y poros del mortero. Las prácticas empleadas en construcción que favorecen la adherencia mejoran también la impermeabilidad, como es el golpeteo sobre el ladrillo recién colocado.

Cuando se precise una impermeabilización elevada, será necesario recurrir a las pinturas e impregnaciones protectoras (fluosilicatos, juntas de sellado, etc.), así como el empleo de aditivos hidrófugos que repelen la humedad. La impermeabilización perfecta se consigue con láminas impermeables de tipo plástico.

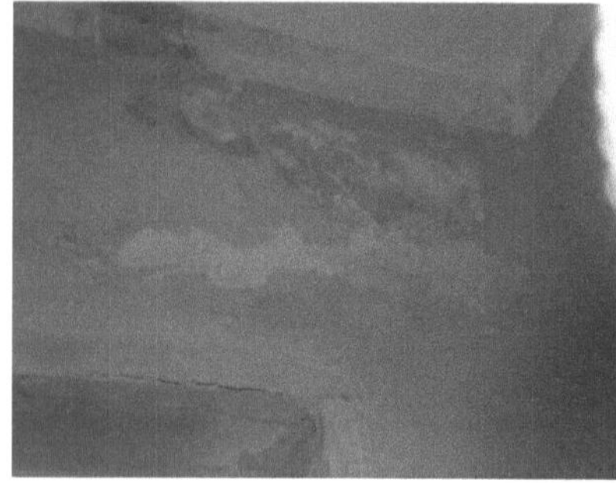

Ejemplo de Humedad en el Mortero.
Fuente: https://decalycanto.es/reparacion-y-saneado-de-humedades-con/

Efloresencias[44]

Las eflorescencias pueden ser debidas a cualquier sal soluble, pero las más frecuentes son las producidas por sulfatos, nitratos y cloruros. Las sales, sobre todo el SO_4Na_2 pueden provenir del ladrillo, del cemento, del árido, del

---

[44] La eflorescencia se trata de un fenómeno que se produce en la superficie exterior de los cerramientos y consiste en la recristalización de sales que pertenecen al mismo cerramiento distribuidas mediante disolución con el agua que los atraviesa y una evaporación posterior al llegar a la superficie.

agua, de reacciones ladrillo-mortero, del suelo y de los aditivos. Al hidratarse el cemento siempre nos va a aportar sales solubles, salvo en el caso en que se fijen estas con puzolanas.

Cuando las eflorescencias se han presentado ya en una obra terminada, exigen su limpieza y eliminación. Si son producidas por sulfatos solubles, suelen eliminarse fácilmente por lavados sucesivos con el agua de lluvia, o lavándolas con soluciones débilmente jabonosas. Las causadas por nitratos son más resistentes y precisan de cepillado enérgico con escobillas metálicas. Las eflorescencias, no son por lo general perjudiciales para la durabilidad de los morteros, sino solo manchas que perjudican su aspecto.

Ataque por agentes externos

El mortero puede ser atacado por productos sólidos, líquidos y gaseosos. Los sólidos pueden realizar un ataque puramente mecánico, por ejemplo, por abrasión, debida al polvo arrastrado por el viento, roces de diversos elementos sobre el muro, etc. Para evitarlo, se puede   proteger   la superficie del mortero con endurecedores del tipo de los fluosilicatos de cinc y aluminio, impregnaciones con resinas, etc.

Pero el ataque más peligroso es el químico, producido por suelos húmicos (componente del humus) susceptibles de liberar sales solubles, capaces de dar eflorescencias, o suelos yesosos, que pueden disgregar el mortero, o los que poseen bajos valores de Ph que atacan al mortero por su carácter ácido. También las sales marinas arrastradas por el viento y depositadas sobre los muros provocan ataque por cloruros.

Los líquidos agresivos pueden serlo por sí mismos, o por las sales que llevan disueltas, como los que pueden provocar eflorescencias, o productos expansivos con el mortero. El ataque por suelos agresivos se realiza a través de las aguas de lluvia, que disuelven los iones peligrosos

Los líquidos agresivos por si mismos son:

- o Los que poseen carácter ácido (ácidos minerales, ácidos orgánicos procedentes de fermentaciones   de productos alimenticios como vinagres, leche, vino, ciertos productos de limpieza, etc.). Atacan porque este posee carácter básico, de Ph aproximadamente igual a 11, e incluso superiores en los morteros bastardos.
- o Aguas muy puras (agua de deshielo, agua de condensación), que disuelven las sales del mortero.
- o Grasas vegetales alimenticias y aceites minerales, provenientes de la combustión incompleta de carburantes.
- o Aguas con materia orgánica en descomposición, etc.

Entre los gases corrosivos para el mortero, los más corrientes son:

- o **SO_2** (Dióxido de Azufre) proveniente de la combustión de carburantes industriales y domésticos que contengan azufre (especialmente carbón y aceites pesados). Puede llegar a transformarse en ácido sulfúrico, con gran poder corrosivo.
- o **CO_2** (Dióxido de Carbono) existente en la atmósfera como producto final de toda combustión de productos carbonados (combustibles, respiración animal y vegetal, etc.). Por su carácter ácido, ataca por carbonatación al mortero. Sin embargo, es de interés su reacción con la cal, que constituye la base del endurecimiento de esta.
- o **NH_3** (Amoniaco) que proviene de la descomposición de la urea

(establos, fosas sépticas, etc.), así como de usos industriales, abonos, descomposición microbiana de sustancias proteicas, etc. produce la disgregación del mortero por su carácter básico, ya que sustituye al calcio en los productos de hidratación del cemento y da silicatos solubles fácilmente arrastrados por el agua de lluvia.

Choque térmico

Un mortero, sometido a las altas temperaturas desarrolladas en un incendio, sufre una serie de cambios que afectan a su resistencia mecánica. En general, a temperaturas superiores a 250°C, las propiedades resistentes del mortero sufren una caída irreversible, quedando también afectado el color de este.

4.1.5.2. Tipos de Mortero

4.1.5.2.1. Mortero de cemento de base Pórtland

Es el mortero en que se utiliza cemento como conglomerante. Para estos morteros deberán emplearse cementos cuya clase no sea superior a 32.5 N/mm2[45], siendo este el tipo de cemento más adecuado, según el fin al que se destine.

Los morteros con escasez de cemento dan morteros ásperos, por entrar en fricción los granos de arena que los componen y son difíciles de trabajar. Si, por el contrario, la cantidad de cemento que contiene es excesiva, producirá retracciones, apareciendo fisuras.

---

[45] En la medida de la resistencia a la tracción de los adhesivos cementosos se utiliza habitualmente la unidad Newton por milímetro cuadrado (N/mm2)

4.1.5.2.2. Mortero de cemento de aluminato de calcio

Fabricados a base de cemento de aluminato de calcio, arena y agua. Se deberá tener muy en cuenta en su empleo, la considerable reacción térmica que se produce durante el fraguado y que puede llegar a evaporar el agua de amasado; es necesario controlar esta temperatura para que no sobrepase los 30°C. Se utilizan en taponamientos de vías de agua. Si en este tipo de morteros la arena es del tipo refractaria obtenemos los morteros refractarios.

4.1.5.2.3. Mortero de cal

Formados por cal y arena. La cal puede ser aérea o hidráulica, de diferentes tipos. En cualquier caso, las resistencias mecánicas de estos morteros son bajas y en particular los confeccionados con cal aérea, si bien en un mortero, muchas veces, no se pretende tener resistencias mecánicas altas y son más importantes otras propiedades como pueden ser la plasticidad, trabajabilidad, el color, etc.

4.1.5.2.4. Morteros bastardos o mixtos

Son morteros compuestos por dos clases de conglomerantes compatibles, es decir, cemento y cal. Se caracterizan por su alta trabajabilidad, comunicada por la cal, presenta colores claros por lo que se utilizan como mortero de agarre en fábricas de ladrillo cara vista.

En el mortero compuesto por cal y cemento, actualmente, ya no se usa la cal como plastificante, empleándose otros aditivos que realizan esta función. A pesar de ello, existen varias regiones donde se emplean los morteros de cemento con arena muy fina (arena de playa) en revestimientos de paramentos interiores, acabándolos con un pasteado de cal en sustitución del yeso, debido a la higroscopicidad de éste.

4.1.5.2.5. Morteros especiales

Morteros de cemento-cola

Son morteros fabricados con un conglomerante a base de mezclas de cemento de base Portland y resinas de origen orgánico. La relación agua / cemento expresada en peso, variará según el tipo de resina. Para la fabricación de estos morteros se utilizan arenas finas, las que pasen por un tamiz de 0,32 mm de luz de malla. Son morteros muy finos y de una gran adherencia. Se utilizan para la ejecución de alicatados y solados. Necesitan poca agua para su amasado y endurecen rápidamente.

Morteros con aditivos

Se denominan de esta forma a aquellos morteros a los que se ha añadido una serie de productos de origen orgánico o inorgánico que pueden proporcionarles características especiales, tales como aireantes; fluidificantes, activadores o retardadores del fraguado, anticongelantes, hidrofugantes, etc., así como lograr que sean expansivos u obtengan una coloración determinada.

Morteros ignífugos

Son morteros que se emplean para revestir estructuras metálicas, formadas por elementos de acero, o cualquier otro elemento al que se le tenga que proporcionar resistencia al fuego. Actúan como protector del elemento sobre el que se aplica. Son morteros en los cuales se sustituye la arena, parcial o totalmente, por materiales resistentes al fuego, como puede ser el asbesto o amianto previamente preparado.

Aplicación de Morteros ignífugos en estructura metálica
El Mortero Ignífugo como sistema antiincendios
Fuente: http://proybor.com/mortero-ignifugo/

Morteros refractarios

Compuestos por cemento de aluminato de calcio y arena refractaria. Se emplean estos morteros para construir hornos, hogares y chimeneas, y como material de agarre para la unión de piezas refractarias. Son resistentes a altas temperaturas y a la agresión de los gases que se producen en las combustiones.

Morteros ligeros

Generalmente se confeccionan estos morteros empleando arenas de machaqueo (de mina o de cantera) que proceden de pumitas, riolitas o liparitas, mezclándolas con áridos expandidos por calor, como por ejemplo la perlita, vermiculita, arcillas expandidas, etc; con estas mezclas se obtienen morteros ligeros, de poca resistencia mecánica, pero de un gran aislamiento térmico. Se emplean en cubiertas planas para dar pendiente a los faldones.

Morteros sin finos

Son morteros que se fabrican empleando sólo arenas que contengan la fracción gruesa, suprimiendo todos los tamaños de sus granos que pasan por el tamiz de 1,25 mm de luz de malla. La relación w/c es muy baja. Se caracterizan estos morteros por presentar, una vez endurecidos, una masa con muchos huecos (porosa). Se utilizan principalmente para la fabricación de piezas de mortero aligerado (de poco peso o densidad) y para pavimentos filtrantes.

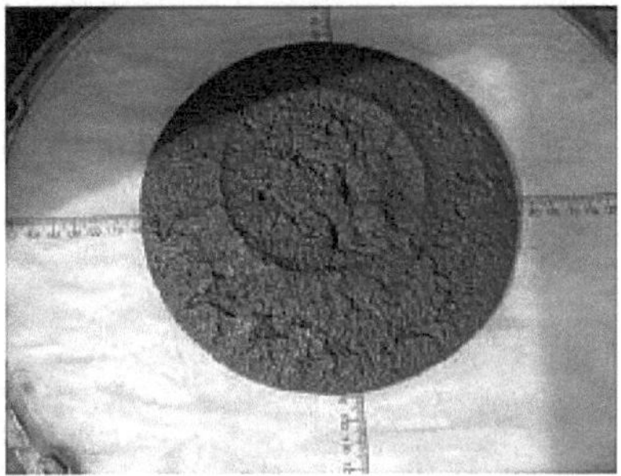

Probeta antes y después del procedimiento de ensayo de consistencia

Fuente: https://www.construmatica.com/construpedia/Caracter%C3%ADsticas_de_los_Morteros

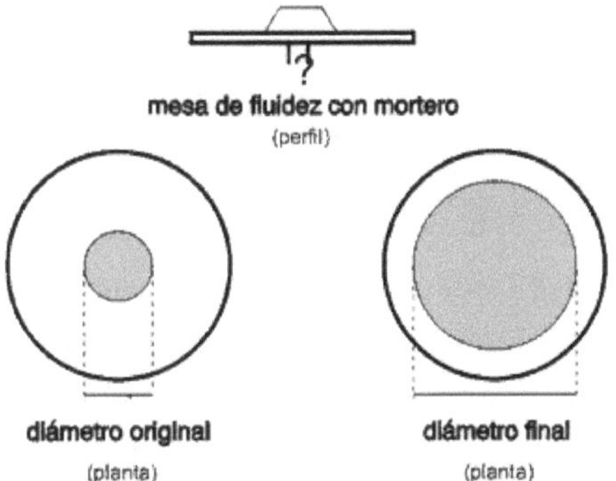

Prueba de Fluidez en Morteros de Cemento Portland.

Fuente: http://www.elconstructorcivil.com/2011/01/fluidez-en-morteros-de-cemento-portland.html

4.1.6. Concretos[46],[47],[48],[49]

4.1.6.1. Propiedades del concreto fresco

El concreto recién mezclado debe ser plástico o semifluido y capaz de ser moldeado a mano. Una mezcla muy húmeda de concreto se puede moldear en el sentido de que puede colocarse en una cimbra, pero esto no entra en la definición de " plástico " aquel material que es plegable y capaz de ser moldeado o formado como un terrón de arcilla para moldar.

Fuente: http://www.ororadio.com.mx/noticias/2016/06/desarrollan-cemento-ecologico-con-desechos-industriales/

En una mezcla de concreto plástico todos los granos de arena y las piezas de grava o de piedra que eran encajonados y sostenidos en suspensión. Los ingredientes no están predispuestos a segregarse durante el transporte; y cuando el concreto endurece, se transforma en una mezcla homogénea de todos los componentes.   El concreto de consistencia plástica no se desmorona si no que fluye como liquido viscoso sin segregarse.

---

[46] GORCHACOB, G.I. Materiales de Construcción. Editorial Mir., Moscú, Rusia.

[47] GALAN Huertos, E.. Palygorskita y sepiolita. Textos Universitarios (C.S.I.C.) 1990.

[48] El Hombre y los Materiales.
http://omega.ilce.edu.mx:3000/sites/ciencia/volumen2/ciencia3/069/htm/elhom bre.htm .

[49] MORALES, Ing. Jorge Mario. "Materiales de Construcción", USAC, Guatemala.

El revenimiento se utiliza como una medida de la consistencia del concreto. Un concreto de bajo revenimiento tiene una consistencia dura. En la práctica de la construcción, los elementos delgados de concreto y los elementos del concreto fuertemente reforzados requieren de mezclas trabajables, pero jamás de mezclas similares a una sopa, para tener facilidad en su colocación. Se necesita una mezcla plástica para tener resistencia y para mantener su homogeneidad durante el manejo y la colocación. Mientras que una mezcla plástica es adecuada para la mayoría con trabajos con concreto, se puede utilizar aditivos superfluidificantes para adicionar fluidez al concreto en miembros de concretos delgados o fuertemente reforzados.

Procedimiento de medición del revenimiento

Fuente: http://l232amiguelsanchez.blogspot.com/2011/03/prueba-de-revenimiento-del-concret.html

Prueba de revenimiento

Fuente: http://www.acimexico- nem.org/online/certificacion-internacional-aci-para-tecnicos-en-pruebas-al-concreto-grado-i/

4.1.6.1.1. Mezclado

Para asegurarse que los cinco componentes básicos del concreto estén combinados en una mezcla homogénea se requiere de esfuerzo y cuidado. La secuencia de carga de los ingredientes en la mezcladora representa un papel importante en la uniformidad del producto terminado. Otros factores importantes en el mezclado son el tamaño de la revoltura en la relación al tamaño del tambor de la mezcladora, el tiempo transcurrido entre la dosificación y el mezclado, el diseño, la configuración y el estado del tambor mezclador y las paletas.

4.1.6.1.2. Trabajabilidad

El concreto debe ser trabajable pero no se debe segregar excesivamente. El sangrado es la migración del agua hacia la superficie superior del concreto recién mezclado provocada por el asentamiento de los materiales Sólidos - Cemento, arena y piedra dentro de la masa. El asentamiento es consecuencia del efecto combinado de la vibración y de la gravedad.

Un sangrado excesivo aumenta la relación Agua - Cemento cerca de la superficie superior, pudiendo dar como resultado una capa superior débil de baja durabilidad, particularmente si se llevan a cabo las operaciones de acabado mientras está presente el agua de sangrado. Debido a la tendencia del concreto recién mezclado a segregarse y sangrar, es importante transportar y colocar cada carga lo más cerca posible de su posición final. El aire incluido mejora la trabajabilidad y reduce   la tendencia del concreto fresco de segregarse y sangrar.

4.1.6.1.3. Consolidación

La vibración pone en movimiento a las partículas en el concreto recién mezclado, reduciendo la fricción entre ellas y dándole a la mezcla las cualidades móviles de un fluido denso. La acción vibratoria permite el uso de la mezcla dura que contenga una mayor proporción de agregado grueso y una menor proporción de agregado fino.

Empleando un agregado bien graduado, entre mayor sea el tamaño máximo del agregado en el concreto, habrá que llenar hasta un menor volumen y existirá una menor área superficial de agregado por cubrir con pasta, teniendo como consecuencia que una cantidad menor de agua y de cemento es necesaria con una consolidación adecuada de las mezclas más duras y ásperas pueden ser empleadas, lo que tiene como resultado una mayor calidad y economía.

Si una mezcla de concreto es lo suficientemente trabajable para ser consolidada de manera adecuada por varillado manual, puede que no exista ninguna ventaja en vibrarla. De hecho, tales mezclas se pueden segregar al vibrarlas. Solo al emplear mezclas más duras y ásperas se adquieren todos los beneficios del vibrado.

El vibrado mecánico tiene muchas ventajas. Los vibradores de alta frecuencia posibilitan la colocación económica de mezclas que no son faciles de consolidar a mano bajo ciertas condiciones.

La vibración se transmita a través del encofrado debe ser la adecuada para producir una correcta compactación, evitando la formación de huecos El propósito fundamental de la compactación del concreto es reducir al mínimo los perjudiciales vacíos u oquedades ocupados por aire, que normalmente quedan en la mezcla fresca recién colocada. Esto se logra compactando el material, con lo que se alcanzará una mezcla con una mayor densidad relativa, lo que propiciará una mayor resistencia y durabilidad en la estructura.

Fuente: http://www.revistacyt.com.mx/index.php/ingenieria/388-metodo-mecanico-para-la-compactacion-del-concreto-la-vibracion-parte-i

4.1.6.1.4. Hidratación, tiempo de fraguado, endurecimiento

La propiedad de liga de las pastas de cemento Portland se debe a la reacción química entre el cemento y el agua llamada hidratación. El cemento Portland no es un compuesto químico simple, sino que es una mezcla de muchos compuestos. Cuatro de ellos conforman el 90% o más del peso del cemento Portland y son: el silicato tricalcico, el silicato dicalcico, el aluminiato tricalcico y el aluminio ferrito tetracalcico.

Además de estos componentes principales, algunos otros desempeñan papeles importantes en el proceso de hidratación. Los tipos de cemento Portland contienen los mismos cuatro compuestos principales, pero en proporciones diferentes.

Los dos silicatos de calcio, los cuales constituyen cerca del 75% del peso del cemento Portland, reaccionan con el agua para formar dos nuevos compuestos: el hidróxido de calcio y el hidrato de silicato de calcio. Este último es con mucho el componente cementante más importante en el concreto. Las propiedades ingenieriles del concreto, - fraguado y endurecimiento, resistencia y estabilidad dimensional - principalmente dependen del gel del hidrato de silicato de calcio. Es la medula del concreto.

Cuando el concreta fragua, su volumen bruto permanece casi inalterado, pero el concreto endurecido contiene poros llenos de agua y aire, mismos que no tienen resistencia alguna. La resistencia está en la parte sólida de la pasta, en su mayoría en el hidrato de silicato de calcio y en las fases cristalinas.

Entre menos porosa sea la pasta de cemento, mucho más resistente es el concreto. Por lo tanto, cuando se mezcle el concreto no se debe usar una cantidad mayor de agua que la que sea absolutamente necesaria para fabricar un concreto plástico y trabajable. Aún entonces, el agua empleada es usualmente mayor que la que se requiere para la completa hidratación del cemento. La relación mínima Agua - Cemento (en peso) para la hidratación total es aproximadamente de 0.22 a 0.25.

El conocimiento de la cantidad de calor liberado a medida de que el cemento se hidrata puede ser útil para planear la construcción. En invierno, el calor de hidratación ayudará a proteger el concreto contra el daño provocado por temperaturas de congelación. Sin embargo, el calor puede ser en estructuras masivas, tales como presas, porque puede producir esfuerzos indeseables al enfriarse   luego de endurecer.

El cemento **Portland tipo 1** libera un poco más de la mitad de su calor total de hidratación en tres días. **El cemento tipo 3**, de alta resistencia temprana, libera aproximadamente el mismo porcentaje de su calor en mucho menos de tres días. **El cemento tipo 2**, un cemento de calor moderado, libera menos calor total que los otros y deben pasar más de tres días para que se libere únicamente la mitad de ese calor. El uso de cemento tipo 4, cemento Portland de bajo calor de hidratación, se debe de tomar en consideración donde sea de importancia fundamental contar con un bajo calor de hidratación.

Es importante conocer la velocidad de reacción entre el cemento y el agua porque la velocidad determina el tiempo de fraguado y de endurecimiento. La reacción inicial debe ser suficientemente lenta para que conceda tiempo al transporte y colocación del concreto. Sin embargo, una vez que el concreto ha sido colocado y terminado, es deseable tener un endurecimiento rápido. El yeso, que es adicionado en el molino de cemento durante la molienda del Clinker, actúa como regulador de la velocidad inicial de hidratación del cemento Portland. Otros factores que influyen en la velocidad de hidratación incluyen la finura de molienda, los aditivos, la cantidad de agua adicionada y la temperatura de los materiales en el momento del mezclado.

4.1.6.2. Materiales constituyentes

El concreto es básicamente una mezcla de dos componentes:

La pasta está compuesta de Cemento Portland, agua y aire atrapado o aire incluido intencionalmente. Ordinariamente, la pasta constituye del 25 al 40% del volumen total del concreto. El volumen absoluto del Cemento está comprendido usualmente entre el 7 y el 15 % y el agua entre el 14 y el 21 %. El contenido de aire y concreto con aire incluido puede llegar hasta el 8% del volumen del concreto, dependiendo del tamaño máximo del agregado grueso.

Como los agregados constituyen aproximadamente el 60 al 75 % del volumen total del concreto, su selección es importante. Los agregados deben consistir en partículas con resistencia adecuada, así como resistencias a condiciones de exposición a la intemperie y no deben contener materiales que pudieran causar deterioro del concreto. Para tener un uso eficiente de la pasta de cemento y agua, es deseable contar con una granulometría continua de tamaños de partículas.

La calidad del concreto depende en gran medida de la calidad de la pasta. En un concreto elaborado adecuadamente, cada partícula de agregado está completamente cubierta con pasta y también todos los espacios entre partículas de agregado.

4.1.6.3. Propiedad del concreto endurecido

4.1.6.3.1. Curado húmedo

El aumento de resistencia continuará con la edad mientras esté presente algo de cemento sin hidratar, a condición de que el concreto permanezca húmedo o tenga una humedad relativa superior a aproximadamente el 80% y permanezca favorable la temperatura del concreto. Cuando la humedad relativa dentro del concreto cae aproximadamente al 80% o la temperatura del concreto desciende por debajo del punto de congelación, la hidratación y el aumento de resistencia virtualmente se detiene.

Si se vuelve a saturar el concreto luego de un periodo de secado, la hidratación se reanuda y la resistencia vuelve a aumentar. Sin embargo, lo mejor es aplicar el curado húmedo al concreto de manera continua desde el momento en que se ha colocado hasta cuando haya alcanzado la calidad deseada debido a que el concreto es difícil de restaurar.

Curado húmedo del concreto
Aplicación o riego directo de agua.

Fuente: http://www.unicon.com.pe/principal/noticias/noticia/uniconsejos-recomendaciones-para-el-curado-del-concreto/55

4.1.6.3.2. Velocidad de secado del concreto

El concreto ni endurece ni se cura con el secado. El concreto (o de manera precisa, el cemento en el contenido) requiere de humedad para hidratarse y endurecer. El secado del concreto únicamente está relacionado con la hidratación y el endurecimiento de manera indirecta. Al secarse el concreto, deja de ganar resistencia; el hecho de que esté seco, no es indicación de que haya experimentado la suficiente hidratación para lograr las propiedades físicas deseadas.

El concreto recién colado tiene agua abundante, pero a medida que el secado progresa desde la superficie hacia el interior, el aumento de resistencia continuará a cada profundidad únicamente mientras la humedad relativa en ese punto se mantenga por encima del 80%. En tanto que la superficie del concreto se seca rápidamente, al concreto en el interior le lleva mucho más tiempo secarse.

Luego de 114 días de secado natural el concreto aún se encuentra muy húmedo en su interior y que se requiere de 850 días para que la humedad relativa en el concreto descendiera al 50%. El contenido de humedad en elementos delgados de concreto que han sido secados al aire con una humedad relativa de 50% a 90% durante varios meses es de 1% a 2% en peso del concreto, del contenido original de agua, de las condiciones de secado y del tamaño del elemento de concreto.

4.1.6.3.3. Resistencia

Generalmente se expresa en kilogramos por centímetro cuadrado (Kg/cm^2) a una edad de 28 días se le designe con el símbolo f' c. Para determinar la resistencia a la compresión, se realizan pruebas en especímenes de mortero o de concreto, a menos de que se especifique de otra manera, los ensayos a compresión de mortero se realizan sobre cubos de 5 cm. en tanto que los ensayos a compresión del concreto se efectúan sobre cilindros que miden 15cm de diámetro y 30cm de altura.

El concreto de uso generalizado tiene una resistencia a la compresión entre 210 y 350 kg/cm2. Un concreto de alta resistencia tiene una resistencia a la compresión de cuando menos 420 kg/cm2. Una resistencia de 1,400 kg/cm2 se ha llegado a utilizar en aplicaciones de construcción.

La resistencia a la flexión, también llamada módulo de ruptura, para un concreto de peso normal se aproxima a menudo de 1.99 a 2.65 veces el valor de la raíz cuadrada de la resistencia a la compresión.

Resistencia del concreto

Fuente:

https://www.arqhys.com/contenidos/resistencia-del-concreto.html

El valor de   la resistencia a la tensión del concreto es aproximadamente de 8% a 12% de su resistencia a compresión y a menudo se estima como 1.33 a 1.99 veces la raíz cuadrada de la resistencia a compresión.

La resistencia a la torsión para el concreto está relacionada con el módulo de ruptura y con las dimensiones del elemento de concreto.

La resistencia al cortante del concreto puede variar desde el 35% al 80% de la resistencia a compresión. La correlación existe entre la resistencia a la compresión y resistencia a flexión, tensión, torsión, y cortante, de acuerdo a los componentes del concreto y al medio ambiente en que se encuentre.

El módulo de elasticidad, denotado por medio del símbolo **E**, se puede definir como la relación del esfuerzo normal la deformación correspondiente para esfuerzos de tensión o de compresión por debajo del límite de proporcionalidad de un material. Para concreto de peso normal, E fluctúa entre 140,600 y 422,000 kg/cm^2, y se puede aproximar como 15,100 veces el valor de la raíz cuadrada de la resistencia a compresión.

Los principales factores que afectan a la resistencia son la relación Agua - Cemento y la edad, o el grado a que haya progresado la hidratación. Estos factores también afectan a la resistencia a flexión y a tensión, así como a la adherencia del concreto con el acero.

Para una trabajabilidad y una cantidad de cemento dado, el concreto con aire incluido necesita menos agua de mezclado que el concreto sin aire incluido. La menor relación Agua - Cemento que es posible lograr en un concreto con aire incluido tiende a compensar las resistencias mínimas inferiores del concreto con aire incluido, particularmente en mezclas con contenidos de cemento pobres e intermedios.

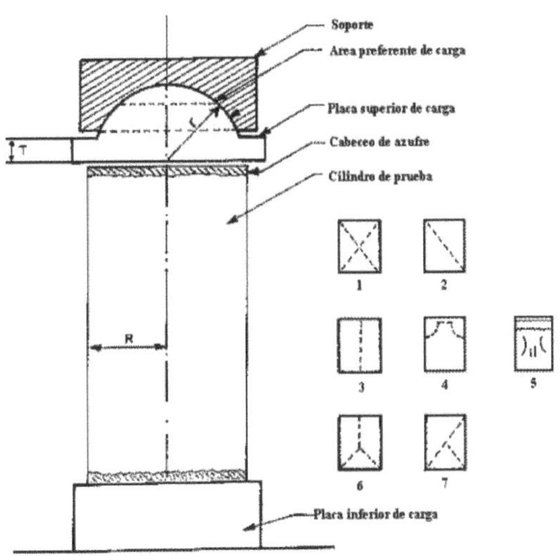

Elementos de Carga en una Prueba de Compresión.
Fuente: http://www.elconstructorcivil.com/2011/01/resistencia-del-concreto.html

[50]La Figura anterior muestra un cilindro y las partes que hacen contacto con él en una máquina de ensayes, a un lado del conjunto se muestran algunos croquis de las diversas formas de falla que se pueden observar en un cilindro ensayado, a un lado de los resultados del ensaye se acostumbra a dibujar la forma de falla del espécimen probado. El significado de las formas de falla de acuerdo a la numeración mostrada en la Figura se describe a continuación:

1. Este patrón se observa cuando se logra una carga de compresión correcta sobre un espécimen bien preparado.

2. Este patrón se observa comúnmente cuando las caras de aplicación de la carga se encuentran en el límite de tolerancia especificada o excediendo a ésta.

3. Este patrón se observa en especímenes que presentan una superficie de carga convexa y/o por deficiencia del material de cabeceo o también por concavidad del material de cabeceo; también por concavidad del plato de cabeceo o por convexidad en una de las placas de carga.

4. Este patrón se presenta en especímenes que tienen una de las caras de aplicación de carga en forma cóncava y/o por deficiencias del material de cabeceo o también por concavidad de una de las placas de carga.

5. Este patrón se observa cuando se producen concentraciones de esfuerzo en puntos sobresalientes de las caras de aplicación de carga por deficiencia del material de cabeceo o rugosidades en el plato de cabeceo o en las placas de carga.

6. Este patrón se observa en especímenes que presentan una cara de aplicación de carga convexa y/o por deficiencias del material de

---

cabeceo o del plato del cabeceador.

7. Este patrón se observa cuando las caras de aplicación de carga del espécimen se desvían ligeramente de las tolerancias de paralelismo establecido o por ligeras desviaciones al centrar el espécimen en la placa inferior de la máquina de ensayes.

Colapso de una columna. Fallo a compresión.
Fuente: Civil Engineers (twitter).

Fuente:
http://www.prontubeam.com/articulos/02_2016_fallos_hormigon/02_2016_fallos_hormigon_articul o.php

4.1.6.3.4. Peso unitario

El concreto convencional, empleado normalmente en pavimentos, edificios y en otras estructuras tiene un peso unitario dentro del rango de 2,240 y 2,400 kg por metro cúbico (kg/m3). El peso unitario (densidad) del concreto varía, dependiendo de la cantidad y de la densidad relativa del agregado, de la cantidad del aire atrapado o intencionalmente incluido, y de los contenidos de agua y de cemento, mismos que a su vez se ven influenciados por el tamaño máximo del agregado. Para el diseño de estructuras de concreto, comúnmente se supone que la combinación del concreto convencional y de las barras de refuerzo pesa 2400 kg/m^3.

Además del concreto convencional, existe una amplia variedad de otros concretos para hacer frente a diversas necesidades, variando desde concretos aisladores ligeros con pesos unitarios de 240 kg/m^3, a concretos pesados con pesos unitarios de 6400 kg/m^3, que se emplean para contrapesos o para blindajes contra radiaciones.

4.1.6.3.5. Resistencia a congelación y deshielo

El concreto utilizado en estructuras y pavimentos, se espera que tenga una vida larga y un mantenimiento bajo. Debe tener buena durabilidad para resistir condiciones de exposición anticipadas. El factor de intemperismo más destructivo es la congelación y el deshielo mientras el concreto se encuentra húmedo, particularmente cuando se encuentra con la presencia de agentes químicos descongelantes. El deterioro provocado por el congelamiento del agua en la pasta, en las partículas del agregado o en ambos.

(1): El concreto con aire incluido es mucho más resistente a los ciclos de congelación y deshielo que el concreto sin aire incluido, (2): el concreto con una relación Agua - Cemento baja es más durable que el concreto con una relación Agua - Cemento alta, (3) un periodo de secado antes de la exposición a la congelación y el deshielo beneficia sustancialmente la resistencia a la congelación y deshielo beneficia sustancialmente la resistencia a la congelación y el deshielo del concreto con aire incluido , pero no beneficia de manera significativa al concreto sin aire incluido. El concreto con aire incluido con una relación Agua - Cemento baja y con un contenido de aire de 4% a 8% soportara un gran número de ciclos de congelación y deshielo sin presentar fallas.

La durabilidad a la congelación y deshielo se puede determinar por el procedimiento de ensayo de laboratorio ASTM C 666, " Standard Test Method for Resistance of Concrete to Rapid Freezing and Thawing". A partir de la prueba se calcula un factor de durabilidad que refleja el número de ciclos de congelación y deshielo requeridos para producir una cierta cantidad de deterioro. La resistencia al descascaramiento provocado por compuestos descongelantes se puede determinar por medio del procedimiento ASTM 672 "Standard Test Method for Scaling   Resistance of   Concrete   Surface Exposed to Deicing Chemicals".

4.1.6.3.6. Permeabilidad y hermeticidad

El concreto empleado en estructuras que retengan agua o que estén expuestas a mal tiempo o a otras condiciones de exposición severa debe ser virtualmente impermeable y hermético. La hermeticidad se define a menudo como la capacidad del concreto de refrenar o retener el agua sin escapes visibles.

La permeabilidad total del concreto al agua es una función de la permeabilidad de la pasta, de la permeabilidad y granulometría del agregado, y de la proporción relativa de la pasta con respecto al agregado. La disminución de permeabilidad mejora la resistencia del concreto a la resaturaciòn, al ataque de sulfatos y otros productos químicos y a la penetración del ion cloruro.

La permeabilidad también afecta la capacidad de destrucción por congelamiento en condiciones de saturación. Aquí la permeabilidad de la pasta es de particular importancia porque la pasta recubre a todos los constituyentes del concreto. La permeabilidad de la pasta depende de la relación Agua - Cemento y del agregado de hidratación del cemento o duración del curado húmedo. Un concreto de baja permeabilidad requiere de una relación Agua - Cemento baja y un periodo de curado húmedo adecuado. Inclusión de aire ayuda a la hermeticidad, aunque tiene un efecto mínimo sobre la permeabilidad.

La permeabilidad de una pasta endurecida madura mantuvo continuamente rangos de humedad de 0.1x10E- 12cm por seg. para relaciones Agua - Cemento que variaban de 0.3 a 0.7. La permeabilidad de rocas comúnmente utilizadas como agregado para concreto varía desde aproximadamente 1.7 x10E9 hasta 3.5x10E-13 cm por seg. La permeabilidad de un concreto maduro de buena calidad es de aproximadamente 1x10E- 10cm por seg.

Los resultados de ensayos obtenidos al sujetar los discos de mortero sin aire incluido de 2.5cm de espesor a una presión de agua de 1.4 kg/cm². En estos ensayos, no existieron fugas de agua a través del disco de mortero que tenía relación Agua - Cemento en peso iguales a 0.50 o menores y que hubieran tenido un curado húmedo de siete días. Cuando ocurrieron fugas, estas fueron mayores en los discos de mortero hechos con altas relaciones Agua - Cemento. También, para cada relación Agua - Cemento, las fugas fueron menores a medida que se aumentaba el periodo de curado húmedo. En los discos con una relación agua cemento de 0.80 el mortero permitía fugas a pesar de haber sido curado durante un mes. Estos resultados ilustran claramente que una relación Agua - cemento baja y un periodo de curado reducen permeabilidad de manera significativa.

Las relaciones Agua - Cemento bajas también reducen la segregación y el sangrado, contribuyendo adicionalmente a la hermeticidad. Para ser hermético, el concreto también debe estar libre de agrietamientos y de celdillas.

Ocasionalmente el concreto poroso - concreto sin finos que permite fácilmente el flujo de agua a través de sí mismo - se diseña para aplicaciones especiales. En estos concretos, el agregado fino se reduce grandemente o incluso se remueve totalmente produciendo un gran volumen de huecos de aire. El concreto poroso ha sido utilizado en canchas de tenis, pavimentos, lotes para estacionamientos, invernaderos, estructuras de drenaje. El concreto excluido de finos también se ha empleado en edificios.

4.1.6.3.7. Resistencia al desgaste

Los pisos, pavimentos y estructuras hidráulicas están sujetos al desgaste; por tanto, en estas aplicaciones el concreto debe tener una resistencia elevada a la abrasión. Los resultados de pruebas indican que la resistencia a la abrasión o desgaste está estrechamente relacionada con la resistencia a compresión del concreto.

Se pueden conducir ensayos de resistencia a la abrasión rotando balines de acero, ruedas de afilar o discos a presión sobre la superficie (ASTM 779). Se dispone también de otros tipos de ensayos de resistencia a la abrasión (ASTM C418 y C944).

Equipo rotatorio para la evaluación de la resistencia a la abrasión de revestimientos y acabados.
Fuente: http://blog.simbolocalidad.com/ensayo-de-resistencia-a-la-abrasion

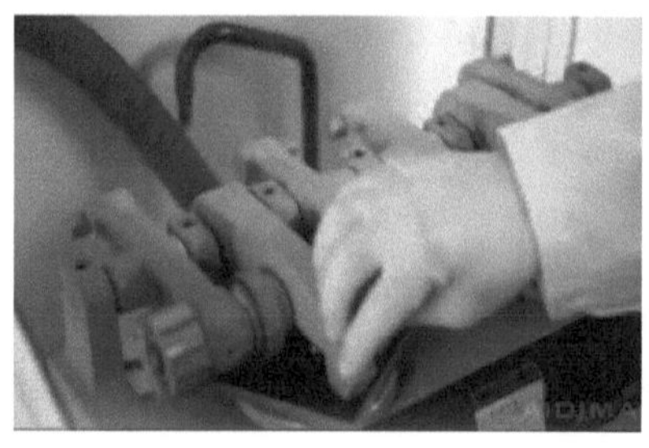

4.1.6.3.8. Estabilidad volumétrica

El concreto endurecido presenta ligeros cambios de volumen debido a variaciones en la temperatura, en la humedad en los esfuerzos aplicados. Estos cambios de volumen o de longitud pueden variar de aproximadamente 0.01% hasta 0.08%. En el concreto endurecido los cambios de volumen por temperatura son casi para el acero.

4.1.6.3.9. Control de agrietamiento

Las dos causas básicas por las que se producen grietas en el concreto son (1) esfuerzos debidos a cargas aplicadas y (2) esfuerzos debidos a contracción por secado o a cambios de temperatura en condiciones de restricción

La contracción por secado es una propiedad inherente e inevitable del concreto, por lo que se utiliza acero de refuerzo colocado en una posición adecuada para reducir los anchos de grieta, o bien juntas que predetermine y controlen la ubicación de las grietas. Los esfuerzos provocados por las fluctuaciones de temperatura pueden causar agrietamientos, especialmente en edades tempranas.

Las juntas son el método más efectivo para controlar agrietamientos. Si una extensión considerable de concreto (una pared, losa o pavimento) no contiene juntas convenientemente espaciadas que alivien la contracción por secado y por temperatura, el concreto se agrietara de manera aleatoria.

Las juntas de control se ranuran, se forman o se aferran en banquetas, calzadas, pavimentos, pisos y muros de modo que las grietas ocurran en esas juntas y no aleatoriamente. Las juntas de control permiten movimientos en el plano de una losa o de un muro. Se desarrollan aproximadamente a un cuarto del espesor del concreto.

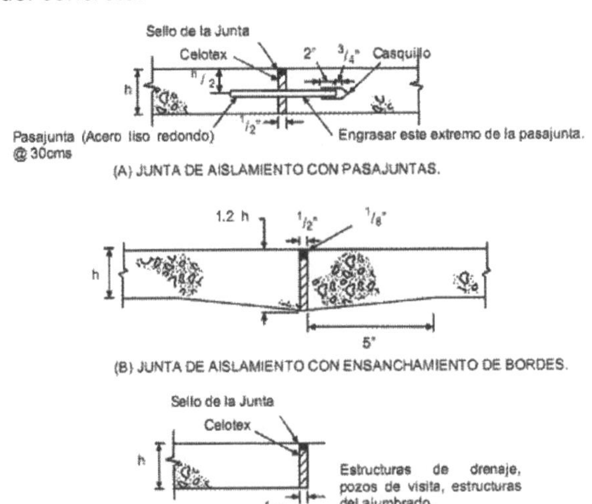

Detalle de Secciones de Juntas de Aislamiento.
Fuente: http://www.elconstructorcivil.com/2011/04/juntas-de-aislamiento.html

4.1.6.4. Tipos

4.1.6.4.1. Concreto en masa

Es el formado por grava, gravilla, arena, aglomerante y agua. Una vez dosificado, mezclado y amasado, se vierte en moldes (encofrado del hormigón) o directamente sobre pozos, zanjas o zunchos. Por consiguiente el hormigón en masa se utiliza en cimentaciones, en muros y forjados.

4.1.6.4.2. Concreto ciclópeo

También es un hormigón en masa. Recibe el nombre de ciclópeo, porque se introducen en la masa bloques de piedras, procedentes de rocas de buena calidad y exentas de arcillas u otros materiales. Se aconseja que estas piedras sean lavadas antes de ser puestas en obra.

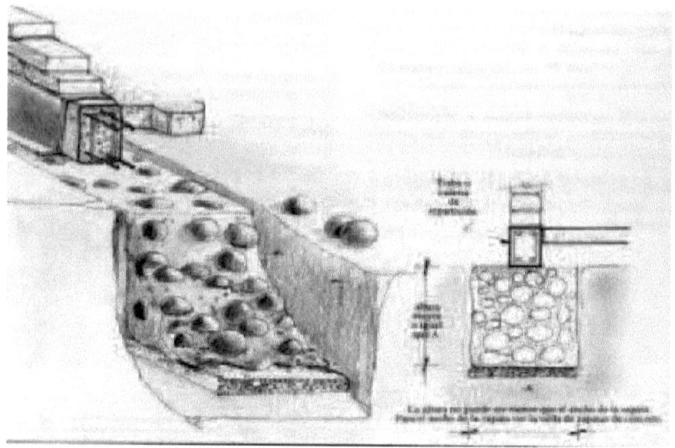

Zapata Corrida de Concreto Ciclópeo
http://www.elconstructorcivil.com/2012/06/zapatas-corridas-de-concreto-ciclopeo.html

4.1.6.4.3. Concreto ligero

En realidad, es un hormigón en masa, para cuya confección se emplean en áridos de poca densidad o productos químicos, que producen en su masa un conjunto de huecos; en ambos casos se tiene un hormigón de densidad muy baja.

4.1.6.4.4. Concreto celular

Se prepara este hormigón añadiendo a la masa del mismo, un agente químico que desprende una gran cantidad de gases, quedando estos apisonados en el interior del hormigón formando burbujas que favorecen el aislamiento térmico y acústico. Se suele emplear en cubiertas en forma de láminas, para protecciones térmicas.

Bloque de concreto Celular
Fuente: http://www.up10imoveis.com.br/blog.bloco-de-concreto-celular.145

4.1.6.4.5. Concreto de piedra pómez

El árido empleado en este hormigón procede de lavas porosas trituradas o machacadas. Estos áridos de piedra pómez son muy ligeros y porosos lo cual facilita el aislamiento térmico y acústico del hormigón fabricado con estos áridos. Al igual que el anterior también se emplean en cubiertas para protecciones térmicas.

4.1.6.4.6. Concreto armado

Es sin lugar a dudas el tipo de hormigón más usado en la actualidad. Para obtenerlos se añaden a la masa o mezcla barras de acero corrugado (aristas en formas de hélices), con diversos diámetros. Estas estructuras metálicas se preparan antes de hacer los encofrados, con el oportuno estudio de las resistencias mecánicas. El hormigón armado se emplea en todas las estructuras realizadas con hormigón tales como cimentaciones, tanto como de zapatas como de zanjas, arriostramiento o zunchos, pilares, vigas y viguetas, etc.

Concreto Reforzado
Fuente: https://www.arghys.com/construccion/reforzado-concreto.html

4.1.6.4.7. Concreto pretensado

Es una variedad de hormigón armado, con características de resistencia superiores a este, en elementos de iguales características geométricas. Tiene dos tipos de armaduras (así se llama el acero que entra en la composición del hormigón armado): una, pasiva; y otra, activa o pretensa, así llamada por ser sometida a tensión antes de ser hormigonado el elemento, al que comunica unas tensiones internas que sirven para aumentar el esfuerzo al que será sometido.

Fuente: https://www.arghys.com/contenidos/pretensado-hormigon.html

4.1.6.4.8. Concreto postensado

Una de las principales diferencias de esta clase de hormigón es que la armadura pretensa se somete a tensión, después de hormigonar el elemento y cuando haya el hormigón alcanzado la resistencia suficiente, para soportar los esfuerzos originados por el tensado de la armadura. Con este tipo de hormigón también se pueden conseguir obras de arquitectura e ingeniería, imposible de realizar con el hormigón armado o pretensado.

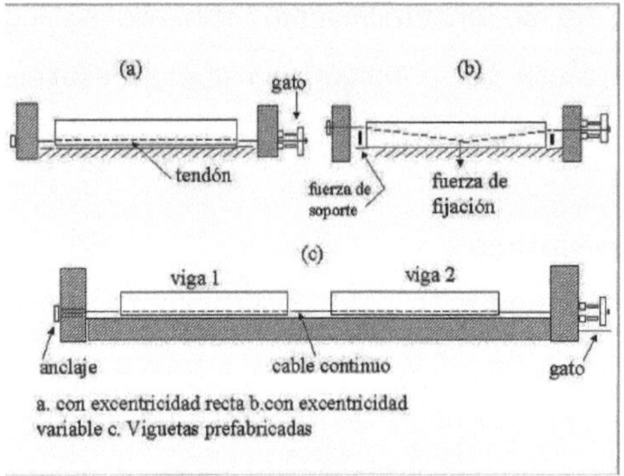

Métodos de Pretensado

Fuente: http://todaslasingenierias.blogspot.com/2015/01/concreto-postensado-y-pretensado.html

El Postensado es un método para reforzar concreto y otros materiales con cables o barras de alta resistencia, típicamente referidos como tendones.

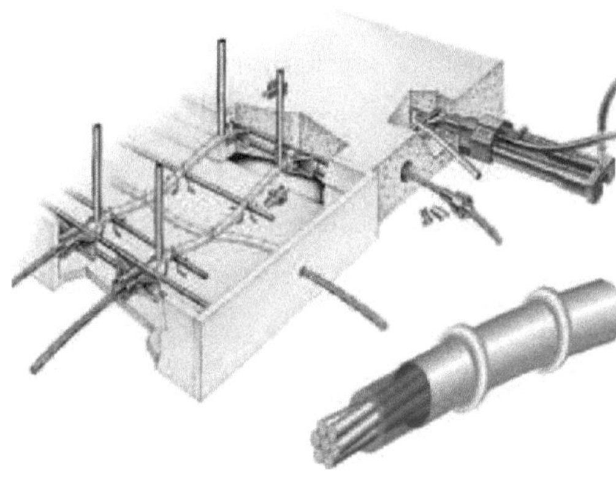

Aplicaciones en postensado incluyen edificios de oficinas y multifamiliares, estructuras de estacionamiento, losas sobre tierra, puentes, estadios deportivos, anclajes en piedra o tierra y tanques de agua. En muchos casos el postensado permite construcciones y detalles constructivos que de otra manera serían imposibles o muy costosos debido a requerimientos arquitectónicos.

Fuente: http://www.postensa.cc/

4.1.6.4.9. Concreto apisonado

Son los que se someten a presión una vez vertidos en los moldes o encofrados y antes de su endurecimiento, con ello se logra una mayor compactación en la masa del hormigón, ya que se eliminan en parte las burbujas de aire.

4.1.6.4.10. Concreto vibrado

Recibe este nombre el hormigón que, al ser colocado en obra, logra una compactación por medio de vibradores. Estos pueden ser de agujas o de superficie; su función principal consiste en lograr áreas de vibración dentro de la masa del hormigón, hasta alcanzar una perfecta acomodación de los distintos materiales, que forman parte de la dosificación del hormigón.

4.1.6.4.11. Concreto centrifugado

La compactación del hormigón, que interviene en la fabricación del elemento, es lograda gracias a la fuerza centrífuga originada al someter el molde, llena de masa de hormigón, a un determinado número de revoluciones.

4.1.6.5. Diseño de mezclas, control de calidad

4.1.6.5.1. Descripción del método de proporcionamiento de mezclas de concreto

La resistencia y durabilidad (calidad) del concreto está principalmente relacionada con la relación agua-cemento de la pasta y con la granulometría y tipo de partículas del agregado. Pero además del requisito de trabajabilidad de un concreto, afecta la relación agua- cemento y la proporción relativa de agregados grueso y fino a usarse.

Una vez determinada la resistencia y trabajabilidad requeridas los datos de relación agua-cemento (grado de concentración) y la cantidad aproximada de agua para alcanzar la trabajabilidad requerida, se toman de la tabla 2[51], dependiendo del tipo y tamaño del agregado.

Luego se calcula el cemento, los agregados (el % de arena se toma de la tabla de acuerdo con su módulo de finura y tamaño máximo del agregado). Se calculan entonces por volumen absoluto o volumen de sólidos las cantidades de material necesarios. Se pasan estos volúmenes a pesos (para lo cual debe conocerse el peso específico de los materiales) y ya se tiene diseñada la mezcla.

El paso siguiente es hacer masadas de prueba para ver si la mezcla tiene la docilidad (o trabajabilidad) y resistencia apropiadas, realizando después de acuerdo con los resultados obtenidos, la corrección que resulten necesarias.

4.1.6.5.2. Exposición detallada del método de proporcionamiento, manufactura del concreto, dosificación

Se debe hacer en obras importantes por paso: se recomienda almacenar material en diferentes silos o depósitos y transportarlos por banda transportadora a la unidad de mezclado.

En obras pequeñas se proporciona por volúmenes sueltos. La arena mojada o seca tienen menores cambios de volumen que la arena con cierta humedad superficial (4 — 6 % de humedad superficial produce máximo esponjamiento que puede ser de 25% en arena gruesa a 40% de arena fina).

---

[51] Ver ANEXO Tabla No. 2 "Datos para el diseño de mezclas"

Las unidades de dosificación en plantas grandes pueden ser automáticas, e incluyen equipo de dosificación y medida del agua.

Mezclado

La mezcla debe ser mezclada hasta que se produzca uniformidad de consistencia, cemento, contenido de agua y graduación de agregado del principio al fin de cada masada descargada la mezcladora debe ser bien diseñada, estar limpia, operar a velocidad óptima, alimentada eficientemente sin sobrecargarla y operada en un tiempo razonable (1.5 a 3 minutos).

Trabajabilidad o Ductilidad deseada:

1.   Se mide usualmente por asentamiento en el cono de Abrahms.

Requisitos especiales (durabilidad, impermeabilidad, resistencia al desgaste).

Si el concreto estuviera sujeto a la acción de clima severo, aguas agresivas o debe ser impermeable, esto obliga a reducción del grado de concentración de pasta (relación agua-cemento), al uso de agregados especiales, u otras alternativas, por lo que en estos casos debe consultarse al laboratorio.

2.   Obtener los datos de los materiales a usar.

   a) Cemento: Tipo y calidad, peso específico y peso unitario volumétrico.

   b) Agregados: Peso específico, peso unitario volumétrico, % de absorción, módulo de finura (granulometría) y otras características: tamaño máximo, textura, composición mineralógica. Se elabora un cuadro con estos datos.

3.   Con base en los datos del 1º. Y 2º. Se obtiene:

   a) El grado de concentración de pasta (relación agua-cemento) para la resistencia media requerida a 28 días.

En cada caso, se establece la concentración de pasta por ensayos realizados, pero para la dosificación inicial puede usarse los datos siguiente tabla:

ASENTAMIENTOS USUALES PARA VARIOS TIPOS DE CONSTRUCCION

Tipos de Construcción	Revenimiento (cm)	
	Máximo	Mínimo
Muros y zapatas de cimentación reforzados	12.5	5
Zapatas simples y muros para subestructura	10	2.5
Losas, vigas y muros reforzados	15	7.5
Columnas para edificios	15	7.5
Pavimentos	7.5	5
Construcciones masivas	7.5	2.5

Tomando de referencia No. 6

b) La consistencia y cantidad de agua:

De tabla 1 se toma la cantidad de agua correspondiente a la concentración de pasta (relación agua-cemento) y según el tamaño máximo de agregado a usar, se corrige de acuerdo con la trabajabilidad deseada y la clase de agregado que se usará (grava o piedra).

c) La cantidad de cemento.

Conociendo la concentración de la pasta y la cantidad de agua necesaria para producir la consistencia que exige la trabajabilidad dada, se calcula la cantidad de cemento. Para esto se multiplica la relación cemento-agua por la cantidad de agua necesaria. Puede lograrse también dividiendo la cantidad de agua necesaria entre la relación agua-cemento.

d) La proporción de la mezcla de agregados. Determinación de % arena.

Con base en el módulo de finura y el tamaño máximo del agregado, se toma la tabla 2 (Ver Anexos), el % de agregado fino en volumen absoluto o "sólido", sobre agregado total. Se supone que el agregado grueso está graduado correctamente. Si éste no es el caso, se procede a mezclar 2 o más tipos de agregados gruesos para que den la graduación especificada.

El concreto llevará atrapador de aire, si se requiere concreto menos trabajable, o se usa pierdan en vez de grava, se corregirá el % de arena de acuerdo con lo indicado en la misma tabla· Siempre deberá tratarse de usar la menor cantidad de arena posible sin menoscabo de la pastosidad y trabajabilidad de la mezcla. Si con los porcentajes de arena señalados en la tabla, se obtiene concreto muy pastoso, estos deberán dejarse, aumentándose el agregado grueso.

Obteniendo el porcentaje de arena en volumen absoluto se conocerá también el porcentaje de agregado grueso en volumen absoluto sobre agregado total.

     e) El % de aire atrapado normalmente.

Se obtiene de tabla No. 2 (ver anexos), de acuerdo con la concentración de pasta, el tamaño máximo del agregado y M.F. de la arena.

4. **Cálculo de proporciones de la mezcla por m^3 es necesario tomar en cuenta lo siguiente:**

Para establecer la dosificación por m^3 es necesario tomar en cuenta lo siguiente:

El agua se evapora en parte, es parcialmente absorbida por los agregados y el resto forma la pasta agua-cemento, que retrae bastante antes de fraguar. La concentración del concreto fresco es del orden del 2 al 2.5%. Por tanto, la suma de volúmenes absolutos o de "sólidos" reales de los materiales deberá ser 1.020 m^3 con el fin de obtener el m^3 de concreto endurecido.

De modo pues que los materiales se proporcionarán sobre 1.00 m^3 y después ya para hacer la mezcla, ésta deberá calcularse para 1.02 m^3 de concreto fresco.

Procedimiento

- ✓ Cálculo de volúmenes absolutos de agua y cemento, se obtiene dividiendo sus pesos en kg. por su peso específico multiplicado por 1000.

- ✓ Restar de 1.000 m^3 los volúmenes de agua, cemento y aire atrapado. Repartir el volumen restante entre arena y agregado grueso de acuerdo con el porcentaje de arena fijado.

- ✓ Calcular los pesos por m^3 de los agregados, multiplicando su volumen por el peso específico x 1000.

- ✓ Sumar los pesos y los volúmenes. El peso unitario aproximado del concreto será igual a la suma de pesos.

- ✓ Referir los pesos al del cemento y calcular el número de sacos de cemento por m^3 (partiendo del peso del cemento) y expresar el agua en litros por saco de cemento. En esta forma se completa la fase de dosificación inicial de la mezcla.

5. **Masadas de prueba:**

A partir de la dosificación por metro cúbico y tomando en cuenta la humedad de los agregados en el momento de realizar la masada de prueba, se calculan las cantidades dadas de material para realizar esta masada, las cuales dependen de las facilidades y clase de concretera. Es recomendable hacer una masada de 20 kg. de cemento como base. Si es posible de un saco (42.63 kg.) mejor.

Si se usa concretera, ésta deberá limpiarse antes del amasado y siempre es conveniente amasar un poco de concreto de la misma dosificación que se usará, que luego se tira y que tiene por objeto impregnar las paredes de la máquina y evitar así que parte del mortero de la masada de prueba se quede adherida en la concretera.

Con la masada de prueba se ve si la mezcla tiene las características deseadas y las cantidades previstas de material. Generalmente hay que hacer ajustes a las proporciones. La variación de agua para lograr la consistencia deseada no sobrepasa los 15 — 20 litros por m^3, a menos que el agregado sea muy poroso o tenga mucha arcilla. La arena y agregado casi no hay que variarlos a menos que se note una mezcla muy pastosa, con lo que deberá disminuirse la arena. Cuando hay necesidad de aumentar el agua, debe aumentarse también el cemento, para conservar la concentración de pasta prevista, a menos que los resultados de ensayos de resistencia indiquen que no hay necesidad.

Si el agua exigida para la consistencia es menor de la calculada no se recomienda hacer cambios en el cemento hasta no conocer los resultados de la prueba de resistencia.

Fuente: https://civilgeeks.com/2011/09/26/consideraciones-en-el-mezclado-del-concreto/

Para no perder tiempo y una vez corregida la consistencia y plasticidad de acuerdo con la trabajabilidad deseada, se recomienda hacer 3 series de probetas. Una con la concentración de pasta calculada y las otras dos, una con concentración mayor (10 Kg. de cemento más por m^3) y otra con concentración menor (10 Kg. de cemento menos por m^3). Por Interpolación podrá hallarse la cantidad definida de cemento que hace falta para alcanzar la resistencia media requerida.

Para estas masadas de prueba debe comprobarse la proporción real de materiales y el rendimiento de la mezcla de concreto.

6.   Comprobación de las resistencias obtenidas en obra:

Por último es necesario realizar la comprobación de que la resistencia característica sea mayor que la mínima exigida. Es necesario hacer 6 masadas (puede ser en días diferentes) de las cuales se toman 6 probetas por cada una. Estas probetas se curan al ambiente normal y se romperán en el laboratorio a 28 días. En el laboratorio se calcularán su resistencia media y su resistencia característica.

En esta forma se sabrá si en las condiciones de la obra y con los procedimientos que vayan a utilizar, se obtiene repentinamente, una resistencia mayor, menor o igual a la requerida y poder hacer los ajustes del caso

Pruebas empíricas para medir la consistencia del concreto

Las mezclas deben tener la consistencia que se requiere según los medios que se tengan para transportar y colocar el concreto en la obra.

Para concretos que se transportan en cubetas y carretillas que se apisonarán con varillas, se requiere una consistencia relativamente suave y plástica. La fluidez se consigue con el agua, pero la pastosidad la da la cantidad de finos (cemento y arena en la mezcla).

Puede lograrse mezclas relativamente secas (con poco agua) que sean plásticas y manejables; también pueden obtenerse mezclas muy fluidas (liquidas) que sean como un caldo de piedra, muy difícil de trabajar y de compactar y de baja resistencia

Por lo tanto debe observarse si la proporción de arena sobre agregado total es adecuada para dar una mezcla balanceada. Para determinar si la mezcla es adecuada y la cantidad de agua suficiente, puede hacerse las siguientes pruebas:

Alisar con el revés de una pala, una parte de la mezcla recién descargada de la mezcladora, o recién mezclada a mano y observar:

1.   Si queda expuesta mucha grava o piedrín, faltan finos y posiblemente agua. Habrá que subir la proporción de arena y repetir la prueba.

2.   Si queda una masa pastosa y muy pegajosa donde no se dibuja o distingue la grava o piedrín, la mezcla es muy arenosa. Valdrá la pena bajarle un poco la arena a la mezcla

3.   Si resulta una superficie lisa y poco pegajosa en la que se delineé la grava o el piedrín (pero sin quedar suelto) significa que la cantidad de finos y la de agua es la adecuada.

Otro método es hacer una bola con un poco de mezcla. Si no se puede hacer es porque falta arena o agua. Si al hacer la bola se escurre entre los dedos es que le sobra agua. Al dejarla caer desde una altura de un metro, esta se debe deformar, pero no se debe desbaratar. Si esto ocurre la mezcla no es adecuada, le falta agua.

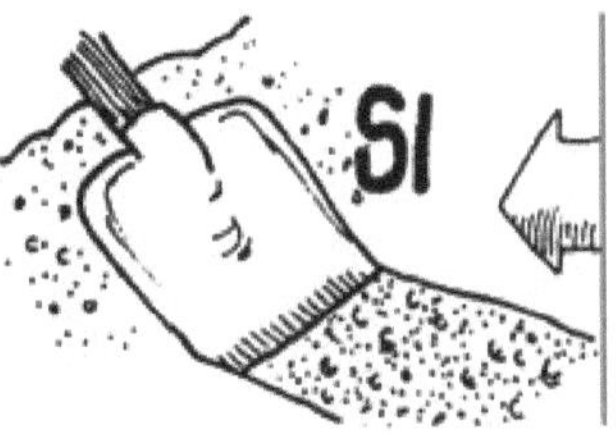

4.1.6.5.4. Prueba técnica para medir la consistencia del concreto "Cono de asentamiento o Slump"

Es una prueba sencilla, fácil de hacer y relativamente bajo costo. Si se realiza siguiendo el procedimiento que se señala a continuación, constituye un medio adecuado para controlar la uniformidad de las mezclas.

Para diferentes estructuras y condiciones de colocación del concreto hay diferentes asentamientos apropiados:

- o Para losas y pavimentos compactados manualmente con varilla el asentamiento debe ser del orden de 50 -100 mm. (2" — 4")
- o Para secciones muy reforzadas y donde la colocación del concreto sea difícil, un asentamiento de 100 — 150 mm. (4" — 6") es el adecuado.
- o Para la mayoría de mezclas de concreto en obras medianas y pequeñas una consistencia plástica corresponde a un asentamiento entre 50 — 100 mm. (2" — 4")

Para el ensayo de asentamiento se requiere el siguiente equipo:

Un molde tronco cónico de 203 mm +- 3 mm de diámetro en la base mayor, 102 mm +- 3 mm. en la base menor y 305 mm. +- 3 mm. de alto.

Una varilla compactadora o apisonadora de acero, cilíndrica y lisa de 16 mm. de diámetro, una longitud aproximada de 600 mm. y la punta redondeada.

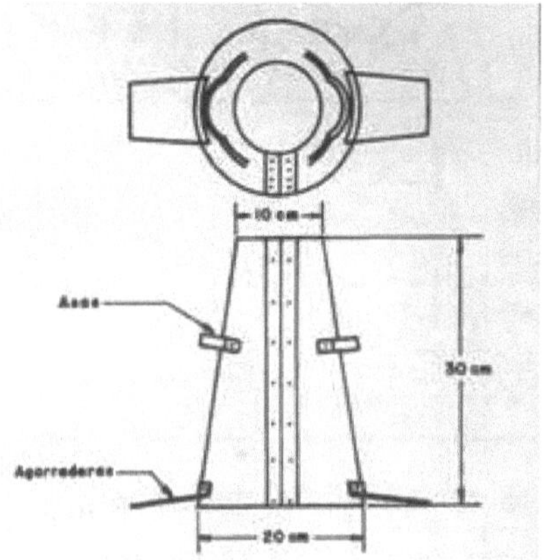

https://es.wikipedia.org/wiki/Cono_de_Abrams

Cono de asentamiento o Slump
Fuente: http://ingevil.blogspot.com/2008/10/ensayo-de-abrams-toma-de-muestras-para_07.html

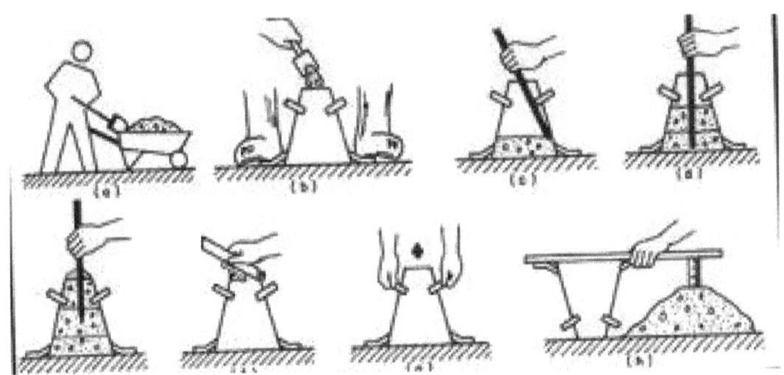

Procedimientos del ensayo de asentamiento
Fuente: http://ingevil.blogspot.com/2008/10/ensayo-de-abrams-toma-de-muestras-para_07.html

El molde puede ser elaborado de lámina de acero inoxidable o lámina galvanizada calibre 16. Es preferible soldarlo cuidando que quede liso por dentro sin reborde de soldadura. La muestra de concreto debe tomarse en una misma tanda o masada de la porción central del volumen de la descarga de la mezcladora y con un recipiente que abarque todo el chorro de la descarga.

En caso de mezclas hechas a mano, la muestra se toma de la pila de concreto, al menos de 5 puntos distintos, después se remezcla y se pasan al ensayo de asentamiento inmediatamente. Para efectuar el ensayo se humedece el interior del molde y la base sobre la cual se hará el ensayo, la que debe ser firme, plana, nivelada y no absorbente.

Se sujeta el molde firmemente y se llena 1/3 del volumen del cono que corresponde a una altura de 64cms. sobre la base. Se puya 25 veces con la varilla compactadora evitando que la misma toque la base en que se apoya el cono.

Se coloca una segunda capa de un tercio del volumen que corresponde a una altura de 15 cms. sobre la base y se puya 25 veces cuidando que la varilla penetre ligeramente la capa anterior.

Se llena el molde colocando un poco más del concreto necesario y se golpea 25 veces penetrando ligeramente la capa anterior. Se aparta el concreto que haya caído ligeramente alrededor del molde. Se levanta el molde verticalmente en 5 a 10 segundos, sin impactarle el movimiento lateral o de torsión.

Se coloca el molde al lado del concreto ensayado y se mide la distancia entre la varilla colocada sobre el molde y la cara superior del concreto, a esta distancia en cm., mm o pulgadas se le llama asentamiento.

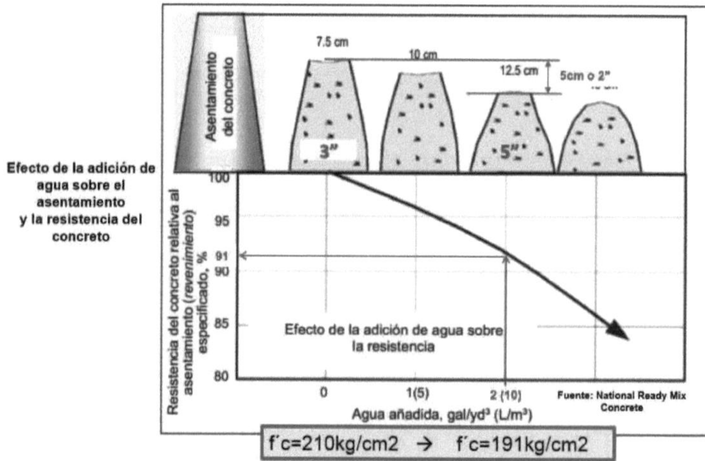

Fuente: https://docplayer.es/43882843-El-concreto-paradigmas-en-la-industria-de-la-construccion-jose-alvarez-cangahuala-unicon-peru.html

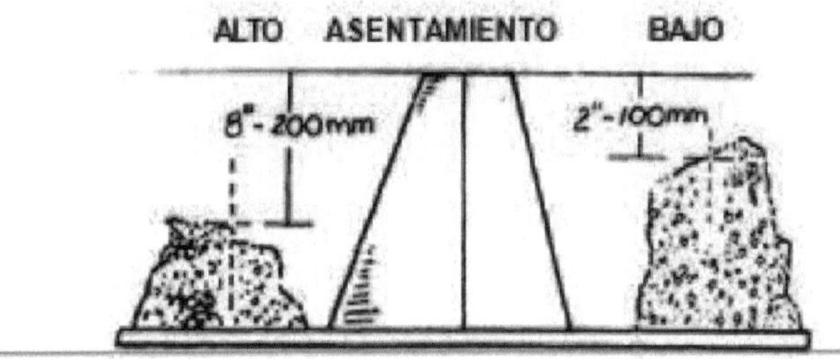

Si ocurre un derrumbamiento pronunciado o resquebrajamiento del concreto, hacia un lado, el ensayo debe repetirse desechando el concreto del ensayo anterior.

4.2. Resistentes

4.2.1.   Madera

La madera es el conjunto de tejidos orgánicos que forman la masa de los troncos de los árboles, desprovistos de corteza y hojas. Asimismo, se define como aquel material encontrado como principal contenido del tronco de una planta, especialmente en árboles. Los árboles se caracterizan por troncos que crecen cada año y son compuestos de fibras de celulosa unidos con lignina. Las plantas que no producen madera son conocidas como herbáceas.

Por último, es un material escultórico tradicional debido a su abundancia natural en todo el mundo y su carácter renovable, aunque su duración en el tiempo no es tan permanente como la piedra.

Fuente: https://www.ecosiglos.com/2013/06/ventajas-desventajas-medioambientales-de-la-madera-en-edificios.html

4.2.1.1. Clasificación y estructura

Clasificación según la calidad de la madera

- o Madera sana sin fallos,
- o Madera de calidad normal con uno o algunos fallos,
- o Madera industrialmente aprovechable,
- o Madera industrialmente aprovechable en un 40%.

Clasificación según su crecimiento

1. Maderas blandas

Las maderas blandas proceden básicamente de coníferas (pino) o de árboles de crecimiento rápido. La gran ventaja que tienen respecto a las maderas duras, procedentes de especies de hoja caduca con un periodo de crecimiento mucho más largo, es su ligereza (no son escasas) y su precio, mucho menor.

Este tipo de madera no tiene una vida tan larga como las duras, pero puede ser empleada para trabajos específicos. Por ejemplo, la madera de cedro rojo tiene repelentes naturales contra plagas de insectos y hongos, de modo que es casi inmune a la putrefacción y a la descomposición, por lo que es muy utilizada en exteriores.

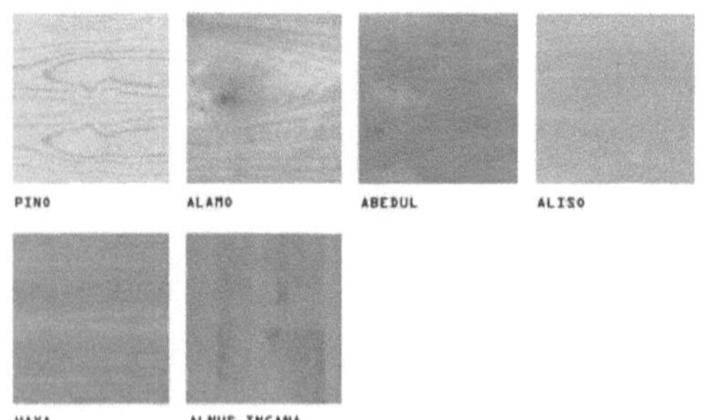

Ejemplo de Maderas Blandas.
Fuente:
https://maderasteketeke.wordpress.com/maderas-blandas/

La manipulación de las maderas blandas es mucho más sencilla, aunque tiene la desventaja de producir mayor cantidad de astillas. Además, la carencia de veteado de esta madera le resta atractivo, por lo que casi siempre es necesario pintarla, barnizarla o teñirla.

2. Maderas duras

Las maderas duras son aquellas que proceden de árboles de un crecimiento lento (ejemplo Caoba), por lo que son más densas y soportan mejor las inclemencias del tiempo (son más resistentes), si se encuentran a la intemperie, que las blandas. Estas maderas proceden de árboles de hoja caduca, que tardan décadas, e incluso siglos, en alcanzar el grado de madurez suficiente para ser cortadas y poder ser empleadas en la elaboración de muebles o vigas de los caseríos o viviendas unifamiliares.

Son mucho más caras que las blandas, debido a que su lento crecimiento provoca su escasez, pero son mucho más atractivas.

Ejemplo de Maderas Duras.
Fuente.http://javigarciatec2eso.blogspot.com/p/materiales-i-la-madera.html

4.2.1.2. Estructura de la madera

- **Médula:** Parte central del tronco. Constituido por tejido flojo y poroso. De ella parten radios medulares hacia la periferia.

- **Durámen:** Madera de la parte interna, de mayores resistencias.

- **Albura:** Madera de la sección externa del tronco, de color más claro. Es la zona más viva, saturada de sabia y sustancias orgánicas. Se transforma con el tiempo en durámen.

- **Cámbium:** Constituye la base del crecimiento en espesor del árbol. Formado por células de paredes delgadas que se transforman por divisiones sucesivas en nuevas células formando en la parte interna del árbol la xilema y en la externa el liber o floema que es la parte interior de la corteza de poca resistencia.

- **Corteza:** Capa exterior que sirve para proteger los tejidos.

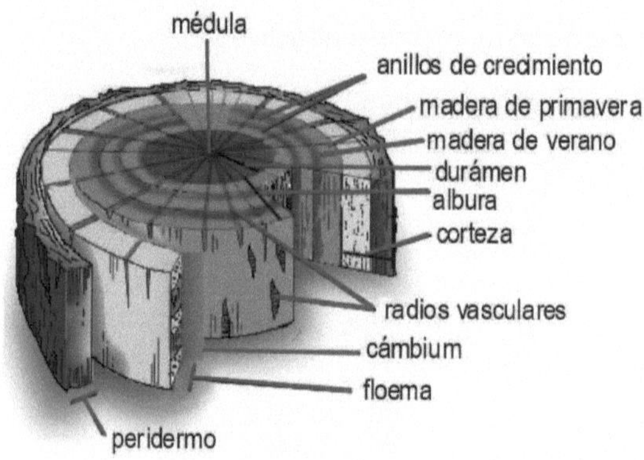

Fuente: http://referenciasestructurales.blogspot.com/2014/05/generalidades-de-la-madera.html

4.2.1.3 Composición química de la madera

- Carbono 50, %
- Hidrógeno 6 %,
- Oxígeno 43 %,
- Nitrógeno 1 %
- Cenizas 0,5 %

Componentes químicos

Componentes principales: Celulosa (50 %): Es un hidrato de carbono parecido al almidón. Se pudre con la humedad. Lignina (25 %): Es un derivado del fenil-propano. Le da dureza y protección. Hemicelulosa (25 %): su misión es unir las fibras.

Otros componentes: Resinas, Grasas, Sustancias incombustibles.

4.2.1.4. Características[52]

La madera es uno de los materiales tradicionalmente más utilizados en la construcción. Tiene grandes posibilidades por sus características tecnológicas, su variedad de calidades, su versatilidad y porque la madera conjuga su capacidad constructiva con un lenguaje estético único. Sus excelentes propiedades reportan innumerables beneficios: ecológicos, socioeconómicos y tecnológicos.

4.2.1.4.1. Características generales

- ➤ La madera es un material ecológico y renovable.
- ➤ Su empleo contribuye al mantenimiento del ciclo de la vida. Con el sol y

---

[52] CALEB, Hornbostel. Materiales para construcción. México: Limusa Noriega editores, 1999.

el dióxido de carbono, los árboles producen madera, carbohidratos y oxígeno. El dióxido de carbono es uno de los gases más peligrosos para el hombre. Los bosques por medio de la fotosíntesis fijan el CO2 y reducen su cantidad en la atmósfera.

➢ Como material vivo es degradable: podemos producir madera, usarla, reutilizarla y reciclarla, contribuyendo con ello al ciclo de la vida.

➢ Su transformación no requiere grandes cantidades de energía con el subsiguiente ahorro económico y energético. Al usar madera también se ralentiza el agotamiento de las reservas primas no renovables.

➢ La madera es un material sano y agradable. En construcción se comporta como un elemento saludable, que mantiene las condiciones térmicas, modera las fluctuaciones de humedad, purifica el aire y proporciona relax a las personas.

4.2.1.4.2. Características ecológicas

El beneficio ecológico derivado del empleo de la madera en construcción se refleja de modo directo en el medioambiente y, consecuentemente, en un mejor entorno natural para las personas.

• Es un material renovable; es un material vivo con un desarrollo sostenible

• Es un material reciclable, ecológico y biodegradable. Una vez acabada su vida útil, la madera puede ser destinada a otro uso.

• El consumo de energía en su fabricación es mínimo. La energía necesaria para colocar 1 tonelada de material en construcción o carpintería es, según Resch

Tabla 5. Consumo de Energía en la Fabricación de la Madera

MATERIAL	ENERGÍA NECESARIA
Madera	430 KWh
Acero	2.700 KWh
Aluminio	17.000 KWh

Fuente: MORALES, Ing. Jorge Mario, "Materiales de Construcción"

- El consumo de energía para el mantenimiento de la temperatura interior es muy reducido. El aislamiento térmico conseguido con madera es tres veces superior al de los materiales típicos para estas funciones, como la lana de vidrio o la espuma de poliestireno.

- Gran parte de la energía que se consume en su transformación se obtiene de la combustión de los propios subproductos de madera. En consecuencia, existen actualmente fábricas autosuficientes en suministro de energía y recicladoras de sus propios subproductos.

- Adsorbe dióxido de carbono, lo que frena el calentamiento global de la atmósfera y genera oxígeno. Por cada m³ de madera se fija aproximadamente 1 tonelada de CO_2 en la atmósfera.

- Ralentiza el agotamiento de las reservas de materias no renovables.

- El bosque bien ordenado contribuye al mantenimiento del ciclo de la vida.

4.2.1.4.3. Características Térmicas

Conductividad térmica

- o La madera, es el material ecológico de construcción más aislante, sólo superada por el corcho. Su conductividad térmica es de 0,1 a 0,15 Kcal/mhºC. (En el acero es de 39 Kcal/mhºC).

- o La baja conductividad térmica modera las fluctuaciones de temperatura en el interior de las construcciones de madera, favoreciendo un entorno agradable.

- o Este factor supone un gran ahorro energético en calefacción o aire acondicionado a lo largo de la vida útil de la construcción, lo que reduce considerablemente el gasto doméstico.

- o La reducción del gasto energético disminuye también las emisiones a la atmósfera, frenando el efecto invernadero.

- o Frente a un incendio, esta propiedad disminuye la rapidez de propagación, de modo que las estructuras de madera mantienen durante mucho tiempo la función para la que fueron diseñadas, permitiendo la evacuación del edificio o la extinción del incendio.

- o Las causas de los incendios se encuentran, generalmente en los elementos de carácter decorativo y no en los materiales estructurales (incluída la madera).

- o La madera arde, pero puede evitarse mediante el uso de tratamientos de ignifugación o sobredimensionado de espesores. La madera sin ignifugar se clasifica como M3 (combustible y medianamente inflamable) o M4 (combustible y fácilmente inflamable), pero tratada puede pasar a las clases M2 (combustible y difícilmente inflamable) y M1 (combustible pero no inflamable).

- o Con el fuego, la madera se carboniza en superficie formando una capa que impide el avance del fuego hacia el interior de la pieza sobredimensionando los espesores de las piezas, el fuego no puede llegar al núcleo, con lo que ésta no pierde su función.

Dilatación y difusibilidad térmica

o La dilatación térmica de la madera es prácticamente nula sobre todo si se la compara con otros materiales como el acero.

o Esta propiedad permite que el tiempo en que la madera mantiene su funcionalidad en un incendio sea muy superior al de otros materiales metálicos.

o La difusibilidad es una propiedad que representa la velocidad con que un material se calienta en contacto con una fuente de calor. La difusibilidad térmica es muy baja 0,9 m²/h frente al acero que es 50 m²/h.

4.2.1.4.4. Características higroscópicas

o La madera adsorbe o cede humedad al aire que la circunda en función de la humedad ambiental y la temperatura, tendiendo siempre al equilibrio (humedad de equilibrio higroscópico, HEH).

o Esta continua tendencia al equilibrio asegura la regulación de humedad en el interior de las estructuras de madera.

o La hinchazón y merma de la madera debida a la absorción y cesión de agua, es un aspecto que se tiene en cuenta en el cálculo de la estructura, por lo que no supone ninguna desventaja constructiva frente a otros materiales.

o La contracción axial es casi despreciable, mientras que las contracciones transversales pueden ser importantes. No obstante, el valor de la contracción volumétrica varía mucho en función de la especie.

4.2.1.4.5. Características químicas

- La madera está compuesta principalmente por celulosa, hemicelulosa y lignina, formados, a su vez, por estructuras de carbono. Esta composición permite la fijación del perjudicial dióxido de carbono atmosférico, que a través de la fotosíntesis pasa a formar parte de la estructura de la madera.
- Por cada tonelada de madera se fijan 1,85 toneladas de CO_2.
- La producción de madera contribuye a frenar el cambio climático.
- Otra ventaja, derivada de su composición, es la de no producir gases tóxicos durante un incendio.

Uso de Madera en la construcción

Fuente: http://publiditec.com/blog/caracteristicas-de-la-madera-como-material-de-construccion/

4.2.1.4.6. Características mecánicas

Resistencia

- La madera es muy resistente en dirección longitudinal. Más resistente que el hormigón en todos los sentidos y que el acero en sentido axial
- Su resistencia varía mucho en función de la especie y se ve influida por la humedad
- La resistencia a la flexión de la madera es muy elevada; por ello, este material es muy adecuado para ciertas piezas como vigas, viguetas de forjado, paredes de cubierta, etc.
- La madera es muy resistente a la fatiga, a la acción cíclica de cargas.
- Los productos derivados de la madera, como madera laminada, tableros, LVL, etc. son soluciones adecuadas para los distintos requerimientos constructivos

Deformación

- La deformación de la madera sometida a una cierta carga, aumenta con el tiempo.
- La madera es un material deformable, por lo que el cálculo de su sección debe basarse, a diferencia de otros materiales, en su deformación y no en su resistencia a la rotura.
- La madera es un material muy fácil de clavar y presenta una gran resistencia al arranque de tornillos. Su escasa dureza facilita la penetración de los calvos, pero una vez introducidos se produce una deformación lateral que al recuperarse presiona el clavo dificultando su extracción.

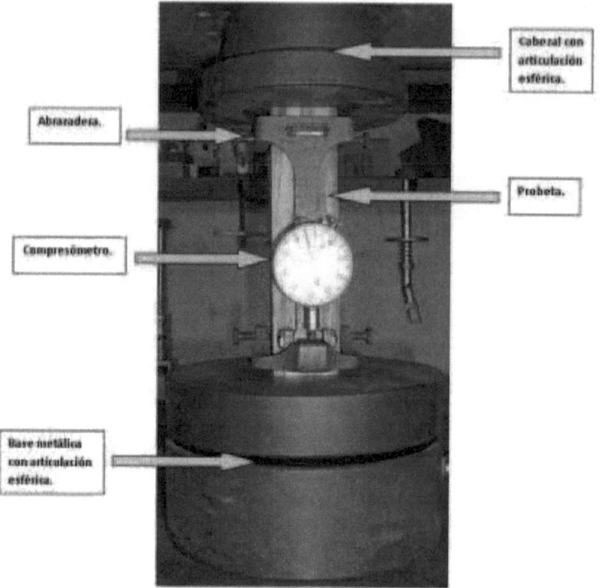

Importancia del Ensayo de Flexión Estática: Este ensayo en maderas, es importante porque nos ofrece la resistencia que ofrece la madera a una carga que actúa sobre una viga. Los valores numéricos promedios sirven de base para obtener los valores de diseño, que se emplean en los cálculos de las vigas de madera en las construcciones forestales.

Fuente: http://maderasdemadrededios.blogspot.com/p/propiedades-mecanicas.html

4.2.1.4.7. Características acústicas

- ○ Los productos derivados de la madera, dispuestos con un diseño adecuado, son buenos aislantes acústicos frente a ruidos externos.

- ○ La reverberación se produce en ambientes cerrados, cuando los sonidos interiores no son absorbidos por los materiales y rebotan. La madera gracias a su porosidad es un material idóneo para evitar este fenómeno acústico, produciendo una agradable sensación acústica para las personas.

o El aislamiento acústico de la madera frente a impactos es grande por tratarse de un material más elástico que otros comúnmente empleados en construcción.

4.2.1.4.8. Características eléctricas

La conductividad eléctrica de la madera es muy baja: este factor reduce la electricidad estática de las construcciones en madera.

4.2.1.4.9. Características tecnológicas

Un buen material de construcción debe tener buenas propiedades de resistencia, durabilidad, etc. La madera es ese material.

4.2.1.4.10. Características sociales

✓ La madera en construcción aporta enormes beneficios a las personas que utilizan estas construcciones.

✓ Economiza los materiales y tiempos de construcción. A igualdad de m^2 habitables, una casa de madera necesita menor superficie construida.

✓ Reduce los gastos de climatización interior, ya que regula las condiciones térmicas y modera las fluctuaciones de humedad.

✓ Reduce la electricidad estática.

✓ Produce sensaciones de integración en la naturaleza

✓ Crea entornos de habitación saludable.

Fuente: https://www.arqhys.com/empleos-de-construccion-en-madera.html

4.2.1.4.11. Otras características

o Otras propiedades bien conocidas de la madera son su color, olor, tacto, sabor, brillo, etc. Estas propiedades permiten diseños arquitectónicos singulares y provocan sensaciones en las personas, que otros materiales constructivos no son capaces de lograr.

o Las singularidades de la madera, tales como nudos, lupias, verrugas, horquillado, fibra ondulada, etc., permiten efectos visuales y de diseño característicos que no aparecen en otros materiales.

4.2.1.4.12. Características de los diferentes tipos de madera

Entre las características más importantes según el tipo de madera que existe figuran:

- **Abeto:** Muy dura y fácil de trabajar.
- **Álamo:** Blanca, carente de belleza.
- **Amaranto:** Exótica, se usa en contrachapados.
- **Arce:** Muy usada, por sus distintos acabados.
- **Boj:** Dura, compacta. Es una madera preciosa que se usa en marquetería.
- **Caoba:** Su veteado y dureza es uniforme. Acepta talla y diferentes acabados.
- **Cedro:** Similar a la caoba, es más trabajable.
- **Ciprés:** Es muy blanda, con color rojo pálido, y vetas grises. Para revestimientos es perfecta, ya que es inalterable por el carcoma y el agua.
- **Eucalipto:** Se utiliza preferentemente para chapear, y es de color claro.
- **Fresno:** Aunque sea similar a la anterior, tiene mejor veteado.

- **Haya:** Dura, clara y compacta, el veteado es regular.
- **Nogal:** De dureza media, es compacta y con veteado rico. Su uso es tanto en chapeado como en sólido.
- **Olivo:** su matiz es amarillo-verdoso, y presenta gran dureza.
- **Pino:** Hay diversas clases de esta madera. Una de las más utilizadas por su claridad y su precio relativamente asequible.
- **Roble:** Dura y muy compacta. Al igual que el nogal, puede chapearse o usarse sólida. Acepta multitud de acabados.
- **Sicómoro:** Se utiliza en chapeados y es clara.
- **Teca:** Muy sólida, sirve para revestimientos navales y orientales.
- **Tilo:** es clara y de porte económico.

4.2.1.5. Defectos de la madera

Debemos tener en cuenta los defectos que la madera puede tener. Es conveniente adquirir la madera seca, dado que muchos de estos defectos provienen de la fase de secado.

Motivos que causan los defectos en la madera:

- CANTOS: Los cantos irregulares pertenecen normalmente al extremo del tronco próximo a la madera en desarrollo, lo que le confiere menor calidad.
- CORAZÓN DESCENTRADO: Se da en árboles que han crecido en ladera o pendientes acusadas, o en lugares con viento muy fuerte.
- DESOLLADURAS: Si el desollado no es muy profundo es susceptible de arreglarse, aunque quede la cicatriz.
- GRIETAS EN LAS CABECERAS: Se suele dar cuando se ha secado la madera en un proceso rápido.
- HENDIDURAS DE COPA: El secado interior ha secado más rápido en el

exterior. Para utilizarlo deberá prescindir de la parte que ha sido afectada.

- NUDOS: Vivos o muertos. Los nudos son los lugares del árbol en los que nacía una rama, que ha sido cortada. Su existencia puede llegar a provocar grietas en la madera si ésta se ha secado de manera acelerada, e incluso puede hacer que llegue a romperse. Asimismo, una vez secos, pueden desprenderse de la pieza de madera, dejando agujeros en la pieza de madera. La presencia de nudos en la madera es dañina para ella, ya que a lo largo del tiempo pueden llegar a acumular resina, que puede estropear el acabado final de la pieza.

- RETORCIDOS: Los tablones retorcidos han alabeado en direcciones distintas. Recházelos, son inservibles.

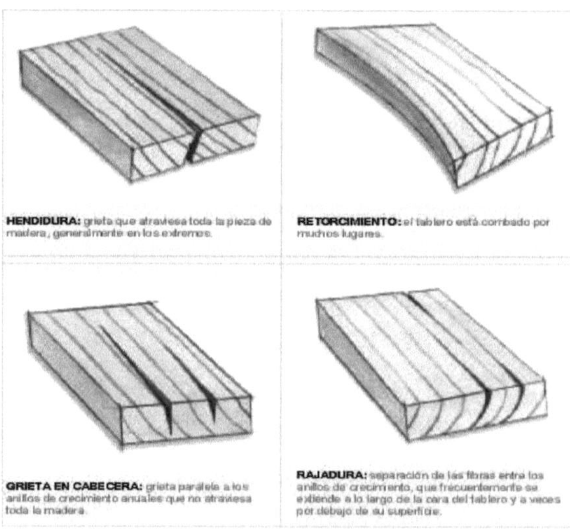

Defectos en la Madera
Fuente: http://utp-talleriii.blogspot.com/2013/03/la-madera-introduccion-los-pisos.html

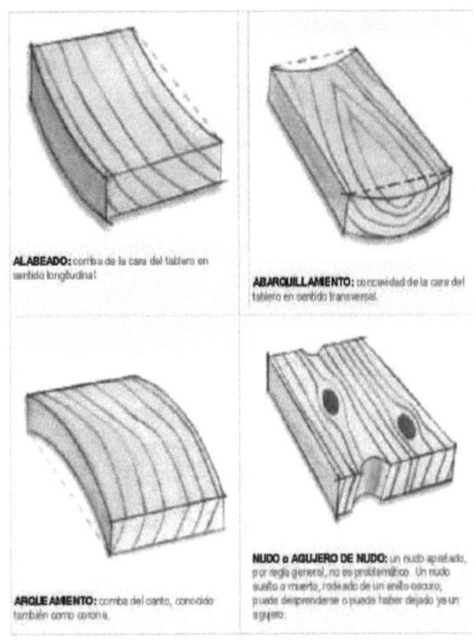

Defectos en la Madera
Fuente: http://utp-talleriii.blogspot.com/2013/03/la-madera-introduccion-los-pisos.html

4.2.1.6. Usos de la madera

Entre los usos de la madera se pueden tener los siguientes:

- o Estructuras
- o Andamios
- o Formaletas
- o Recubrimientos
- o Techos y artesonados
- o Puertas y ventanas
- o Muebles y accesorios
- o Pisos
- o Otros

Fuente: http://maderayconstruccion.com.ar/fabulosa-vivienda-de-madera-con-techo-curvo/

4.2.1.7. Preservación

La madera puede ser protegida de hongos, insectos, trepanadores marinos etc. Por la aplicación de tóxicos o preservadores químicos. Algunos de estos impermeabilizan y hacen ignifuga a la madera, además. La madera puede estar sujeta a deterioro o pudrición por hongos que producen manchas y por hongos que atacan a la madera.

Además por insectos: Las termitas (comején, hormiga blanca o polilla), los escarabajos, del género Lyctus, hormiga carpintera, la broca, etc. Y por perforadores marinos: Géneros Teredo, Bankia, Martedia y crustáceos: Género Limnoria, Sphaerona y Chelura.

Daños de Termitas en Vigas de Madera
Fuente: http://www.biocea.cl/termitas/

4.2.1.7.1.   Preservantes de la madera

Los preservantes hacen no habitables la madera o evitan su uso como alimento por los hongos e insectos. Deben tener las cualidades siguientes:

1. Toxicidad para hongos e insectos
2. Precio cómodo
3. Fácil manejo
4. Poca toxicidad para humanos y animales

5. Ser penetrante

6. No oxidar clavos, bisagras, alambres, etc.

7. No evaporarse y disolverse una vez aplicado

8. No evitar que pueda pintarse la madera

9. No ser inflamable

Los preservantes son de tres clases:

1. Aceites preservantes pesados de baja volatilidad e insolubles en agua.

2. Sales inorgánicas materiales similares en solución acuosa.

3. Tóxicos químicos orgánicos e inorgánicos disueltos en solventes volátiles que no son agua (aceites livianos).

Aceites preservantes pesados

Ventajas

- Alta toxicidad

- Insolubilidad en agua

- Facilidad de aplicación

- Facilidad de detección de profundidad de aplicación simple vista.

- No oxida los metales

- Disponibilidad

- Bajo costo

- Largo récord de servicios satisfactorios

- Es inflamable.

Desventajas

- Manchan la madera no admitiendo la pintura y la hacen inadecuada a madera donde la apariencia es un requisito.

- Su contacto irrita la piel a muchas personas además puede pasarse a alimentos.

- Los vapores son nocivos a algunas plantas.
- Necesita que la madera esté seca para tratarla.
- Para ser efectiva necesita aplicación a presión, baños calientes-fríos o maceración o remojo 6 días por lo menos.

Sales inorgánicas

Ventajas:

- Tóxico para hogos e insectos
- Limpio - no altera el color a la madera
- Puede aplicarse por remojo en frío
- No es tóxico para personas y animales
- Precio cómodo
- No causa oxidación de metales
- Puede pintarse una vez seco
- No aumenta peligro de fuego, cuando está seco

Desventajas:

- Tiene que ser diluido en solventes inflamables
- El manejo y almacenamiento de los solventes es problemático
- La madera debe estar seca
- Decora el remojo en frío de 24 a 48 horas
- Es irritante a la piel

Ejemplo de protección para la madera

http://www.ceresita.com/Datos-Utiles/Consejos-de-Decoracion/Decoracion/Preservantes-para-maderas/

El proceso ideal es aplicarlo a presión. Puede usarse el remojo en frío y baños calientes-fríos. Las inmersiones cortas o "pintadas" no son adecuadas.

Tóxicos químicos

Ventajas:

a) Toxico a hongos e insectos

b) Puede tratarse madera verde

c) Aplicación fácil

d) Equipo sencillo y económico

e) Precio cómodo

f) No necesita solventes inflamables

g) La madera puede ser pintada después de tratada

h) Su manejo es limpio

i) La madera tratada es resistente al fuego.

Desventajas:

a) Debe usarse guantes y anteojos para protección durante el tratamiento.

b) Requiere agitación frecuente

c) La madera debe estar verde o remojada en agua

d) Debe cubrirse la madera tratada evitando que entre aire

e) Debe controlarse la concentración de sales de la solución.

Métodos de tratamiento

Se clasifican en dos grupos: sin presión y con presión (más efectivos, pero más complejos y caros).

Métodos sin presión

A brocha o soplete se basa en penetración capilar. La penetración es superficial.

Inmersión rápida en frío Varía de varios segundos a 15 minutos según madera y uso de la misma. Este tratamiento y el anterior solamente son aplicables a maderas que hayan de usarse en interiores de edificios y que estén protegidas del suelo de las lluvias y la intemperie. En climas húmedos y tropicales no dan suficiente protección.

Maceración o remojo en frió, mantener la madera sumergida en preservantes, de dos a seis días según madera y tamaño piezas. Requiere equipo simple (toneles) y es efectivo y barato. Se usa con pentaclorefenol, creosota y naftenato de cobre. Es un tipo de tratamiento popular en Guatemala.

Baños calientes y fríos Inmersiones sucesivas de madera seca en preservantes calientes y fríos. -El calor produce expansión de los poros y facilita la evaporación del agua superficial. Baño frío subsiguiente causa la contracción de los poros en la capa superficial y provoca un vacío parcial. Por efecto de la presión atmosférica el preservante penetra en la madera. Este proceso es el más efectivo de los métodos sin presión y puede utilizarse con cerosota, pentaclorofenol y osmossalts.

Proceso Osmose

Un tipo especial de tratamiento sin presión es el proceso Osmose que se usa con madera verde o mojada. La madera se corta, se descorteza y se sumerge en un tanque que contiene el preservante Osmossalts controlando la densidad de la solución y agitando periódicamente la misma (cada 3-4 minutos). Como preservante se usan las Osmossalts. Después de la inmersión se apercha la madera pegando unas contra otras las piezas y se cubren con una cubierta impermeable, que evite la entrada de aire. Así se deja la madera durante 1 mes y luego se seca al aire por 10 días ó mejor por 2 semanas más.

Métodos con presión

Celda llena Más recomendable produce máxima retención de preservante y es recomendable para maderas expuestas al deterioro o destrucción (durmientes, pilotos, etc.). Tipo de proceso: Bethel, Burnet. Someter la madera a un vacío inicial en un cilindro hermético y después aplicar el preservante o presión hasta conseguir la protección adecuada.

Celda Vacía Se aplica primero presión y luego se introduce el preservativo. Se hace vacío hasta dejar solamente la cantidad de producto por pie de madera. Tipos de proceso: Lowry y Rueping.

Madera vacío cámara de secado, secado de madera horno autoclave

Fuente:
https://spanish.alibaba.com/product-detail/vacuum-wood-drying-chamber-wood-drying-oven-autoclave-for-sale-60454159511.html

Otros procesos de tratamiento

Proceso Boucherie Colocación de árboles cortados aún con ramas y cortezas en cubetas de solución de sulfato de cobre. Por evaporación del agua de las hojas y ramas, la solución preservante es absorbida por la madera. La penetración es poca y solo puede tratarse madera verde.

Curso de secado y preservado de la madera - ifma - unamad semestre 2013 - i, practica instalación y aplicación del método de boucherie

Fuente: http://maderasdemadrededios.blogspot.com/p/galeria-de-fotos.html

Proceso Cobra Inyecciones locales de preservante en la madera por medio de un martillo inyector que forza la solución dentro de la madera. La operación se repite alrededor del tronco o pieza a tratar hasta lograr una penetración general.

Factores que afectan la penetración

El criterio de aceptación de un tratamiento preservante es la cantidad absorbida y retenida por la madera y el grado de penetración alcanzado.

La impregnación depende de varios factores:

- o <u>De la madera</u> (forma, tamaño, estructura, condición)
- o <u>Preparación previa</u> (secado, descortezado, etc.)

- o <u>Del preservante</u> (calidad, cantidad, estabilidad y penetración)
- o <u>Método de tratamiento</u> (eficiencia y duración)

4.2.1.8. Esfuerzos básicos de trabajo[53]

4.2.1.8.1. Grados estructurales de la madera

La madera estructural se clasifica por grados a cada. Uno de los cuales de asignan esfuerzos permisibles de trabajo como % dados del esfuerzo básico, fijando para cada grado los límites de defectos aceptables. El Centro de Investigaciones de Ingeniería de la Universidad de San Carlos de Guatemala ha propuesto la clasificación en tres grados[54]:

A- 85% de esf. Básicos

B - 70% de esf. Básicos

C - 50% de esf. Básicos

La madera se clasifica por tamaños comerciales afines en cuanto a la forma usual de uso o trabajo a fin de que los esfuerzos permisibles sean fijados con base a la influencia del esfuerzo principal más probable de la pieza y en las medidas de la pieza.

Costaneras, Viguetas, tablones secciones de 5 cm. a 10 cm. de espesor y de 10 cm. o más de ancho para resistir principalmente flexión, pero usadas también en compresión y tensión. Vigas, largueros secciones desde 10cm. A 20 cm. o mayor para flexión principalmente. Columnas, postes, parales, puntales piezas cuadradas o rectangulares de 10 en. X 10 cm. ó más de

---

[53] DOWGLING, Norman E. Mechanical Behaviour of Materials. Prentice Hall, 1993.

[54] Materiales de construcción en Guatemala y su aplicación Actual, Carlos Eduardo Fuentes Huette, Universidad de San Carlos, Guatemala 2006

sección que generalmente trabajan a compresión.

Tablas listones piezas de 2.5 de espesor usadas en tijeras livianas y otros elementos donde los esfuerzos principales son de tensión o compresión (la tabla común de formaleteado, andamios, fabricación de cajas, etc. no se incluye en esta clasificación) .

Procedimiento para fijar el grado estructural

El procedimiento por seguir es: fijar grado A, B ó C, según % de esfuerzo básico a usar características generales de la madera.

- Señalar tamaños de piezas a usar y tipo de esfuerzo principal en cada caso.
- Fijar los defectos permisibles en base a tablas o gráficos.
- Determinar correcciones por otros factores.

Observaciones generales sobre las propiedades mecánicas de la madera.

✓ **Flexión y tensión //**

En casi todas las maderas los valores de esfuerzos mayores son los de tensión // y flexión.

✓ **Compresión //**

Valores un poco menores que los de tensión // y flexión.

✓ **Corte**

Alrededor de 10% de la flexión y compresión.

✓ **Tensión $\perp$**

De 6 - 10 % de la tensión //

✓ **Compresión $\perp$**

La resistencia depende del área de carga, a mayor área menor resistencia relativa. Para áreas de carga menores de 6" (15 cm.) de lado, se permite un incremento de esfuerzos.

Propiedades torsionales

Se usan poco en Ingeniería Civil. Dependen el módulo de rigidez o de corte longitudinal - radial. Longitudinal - tangencial y radial- tangencial. El módulo de rapidez o de corte promedio puede tomarse de 1/16 del módulo de elasticidad paralelo a la fibra en flexión, para una torsión alrededor del eje paralelo a la fibra.

Módulo de elasticidad

En compresión // es de alrededor de 10% mayor que para flexión.

La relación E tangencial /E // fibra es de 0.10 aproximadamente.

La relación E radial /E // fibra es de 0.05 aproximadamente.

Tenacidad

Para carga en cara tangencial o radial los valores físicos de tenacidad para maderas resinosas en piezas cuadradas de 5/8" de lado y 10" de largo varían de 50 a 330 lb-pulgadas siendo un poco mayor para carga radial.

Fatiga

La madera es menos sensible a la fatiga por cargas repetidas que los materiales de estructura cristalina como los metales. Los límites de fatiga en tensión paralela a la fibra son del orden de 40% de la resistencia a rotura de la madera seca al aire para 30×10^6 ciclos.

Para madera verde y en flexión el límite de fatiga es del orden de 60% del módulo de ruptura estática, para 30 X 10^6 ciclos. En madera seca al aire este valor baja a un 30%.

Ensayos a realizar (ASTM D-143)

- Flexión // fibra
- Flexión por impacto
- Tenacidad
- Compresión // fibra
- Compresión $\perp$ fibra
- Tensión // fibra
- Tensión $\perp$ fibra
- Clivaje o desgarramiento
- Dureza - extremo radial y tangencial
- Corte // fibra
- Extracción clavos y tornillos
- Resistencia lateral clavos y Tornillos
- Densidad o p.e. aparente (seco al horno, seco al aire, verde y densidad básica).
- Contracción o retracción volumétrica radial, tangencial y longitudinal.

Los ensayos se hacen sobre piezas pequeñas (secciones 5x5 cm. o 2.5 x 2.5 cm.) cortadas paralelas al eje del árbol y de modo que en la sección de la pieza, las capas de crecimiento sean //s a una de las caras.

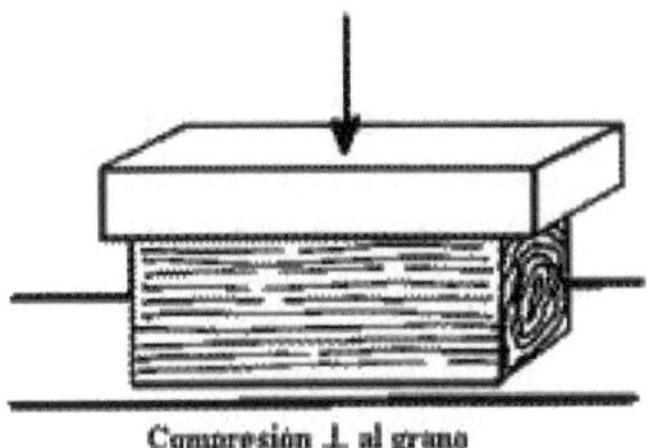

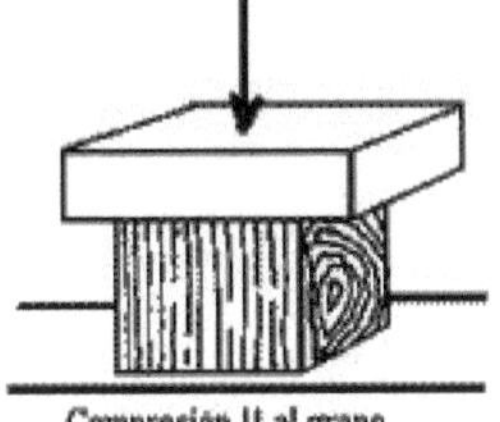

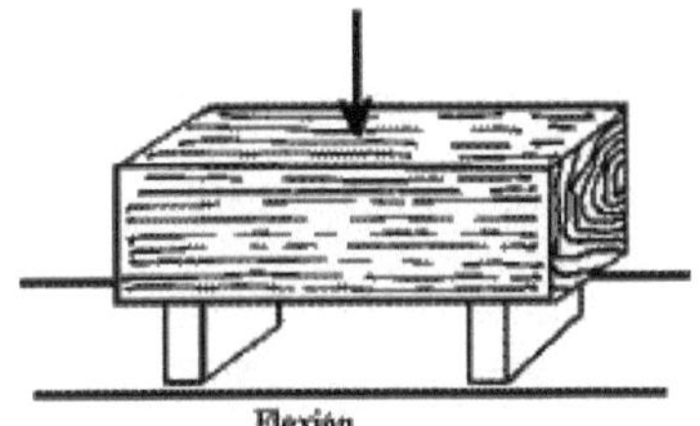

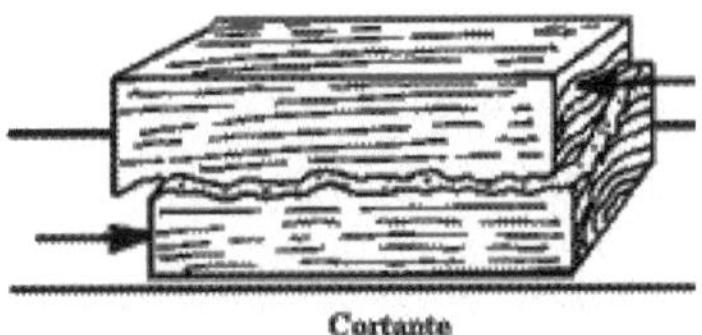

Defectos en la Madera.
Evaluación de la Resistencia a Compresión, Corte y Flexión de la Madera.
Fuente: http://www.elconstructorcivil.com/2011/02/propiedades-de-la-madera-compresion.html

4.2.2. Unidades de Mampostería[55],[56,57]

4.2.2.1. Bloques

El bloque de cemento se ha venido utilizando en la construcción por un largo periodo de tiempo, esto se debe en gran parte a la aceptación que éste tiene y que viene también ligado a la resistencia estructural que éste observa. A pesar de ser un elemento pesado algunos constructores dicen que el bloque

---

[55] ENSEÑANZA Práctica en la Construcción de la Vivienda; Editorial Piedra Santa, Guatemala, 1976.

[56] ENCICLOPEDIA de las Ciencias. México: Editorial Cumbre S.A., 1987.

[57] BARBARA Zatina, Fernando. Materiales y Procedimientos de Construcción. Editorial Herrero. S.A, México 1982.

es un elemento modular que permite tener una gran libertad en cuanto al diseño ya en el proceso de la construcción.

4.2.2.1.1. Principales características

Clasificación[58]

Según su uso:

> **Tipo A:** para paredes de carga, expuestos o no a la humedad.

Clase A1: para paredes de carga expuestas a la humedad.

Clase A2: para paredes de carga no expuestas a la humedad.

> **Tipo B**: para paredes que no soportan cargas o para paredes divisorias.

Clase B1: para paredes que no soportan cargas expuestas a la humedad.

Clase B2: para paredes que no soportan cargas no expuestas a la humedad

Según los agregados:

- Pesados: fabricado con agregados normales o convencionales.
- Semipesados: fabricado con una mezcla de agregados normales y livianos.
- Livianos: fabricado con agregados livianos.

Dimensiones

Los bloques trabajan en conjunto y debe procurarse que las características y dimensiones de todos los bloques sean similares ya que estas diferencias pueden afectar notablemente el resultado final.

---

[58] Materiales de construcción en Guatemala y su aplicación Actual, Carlos Eduardo Fuentes Huette, Universidad de San Carlos, Guatemala 2006

Adicionalmente de la clasificación, los bloques se identifican por sus medidas en el siguiente orden: largo, alto y ancho.

TABLA 6. Dimensiones de los Bloques de Concreto

Denominación Ordinaria (cm)	Dimensiones normales (cm)	Dimensiones modulares (cm)
10	39 x 19 x 9	40 x 20 x 10
15	39 x 19 x 14	40 x 20 x 15
20	39 x 19 x 19	40 x 20 x 20
25	39 x 19 x 24	40 x 20 x 25
30	39 x 19 x 29	40 x 20 x 30

Fuente: Materiales de construcción en Guatemala y su aplicación Actual, Carlos Eduardo Fuentes Huette,

Como se observa en las ilustraciones, los bloques presentan paredes y nervios, también para estas secciones de los bloques existen unos espesores mínimos establecidos en la norma, dependiendo la clasificación del bloque.

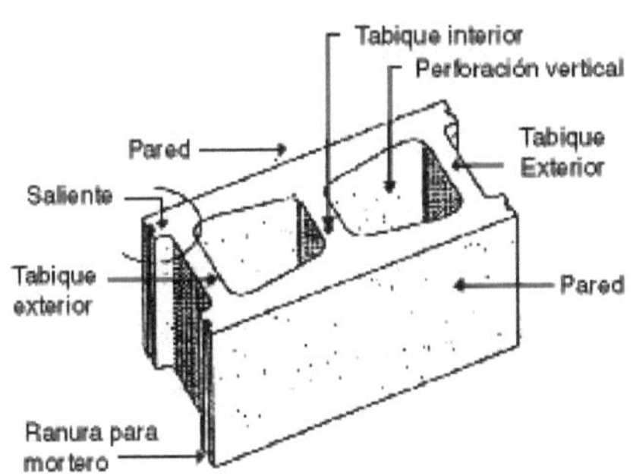

Partes de un bloque de concreto

Fuente: http://m.exam-10.com/pravo/28353/index.html?page=7

TABLA 7. Espesores mínimos para Bloques Tipo A

Tipo de Bloque (cm)	Espesor de la pared (cm)	Espesor de nervios (cm)
10	1.9	1.9
15	2.2	2..2
20	2.5	2..5
25	2.8	2..8
30	3.2	3..2

Fuente: Materiales de construcción en Guatemala y su aplicación Actual, Carlos Eduardo Fuentes Huette,

TABLA 8. Espesores mínimos para Bloques Tipo B

Tipo de Bloque (cm)	Espesor de la pared (cm)	Espesor de nervios (cm)
10	1.3	1.3
15	1.5	1.5
20	1.7	1.7
25	1.9	1.9
30	2.2	2.2

Fuente: Materiales de construcción en Guatemala y su aplicación Actual, Carlos Eduardo Fuentes Huette,

TABLA 9. Resistencia a la compresión de Bloques de Concreto

Tipo de Bloque	Promedio 3 Bloques	Mínimo 1 Bloque
A1	70 (kg/cm2)	55 (kg/cm2)
A2	50 (kg/cm2)	40 (kg/cm2)
B1 - B2	30 (kg/cm2)	25 (kg/cm2)

Fuente: Materiales de construcción en Guatemala y su aplicación Actual, Carlos Eduardo Fuentes Huette,

Resistencia

Para realizar estos ensayos se requiere de equipos especiales y de la asistencia de un laboratorio. Pero a continuación le sugerimos varios métodos prácticos, pero obviamente no científicos, para verificar la resistencia de los bloques en campo. Al golpearlo ligeramente, el sonido del bloque de buena calidad es sonoro y metálico, por el contrario, uno de baja calidad presenta un sonido sordo y hueco.

Otro método, es dejar caer el bloque desde la altura del pecho y que el impacto lo sufra sobre su costado más ancho (caras). Si el bloque se desborona mucho éste pudiera ser de baja calidad, mientras que uno de calidad al caer solamente perderá pequeños fragmentos (puntas o bordes) pero mantiene su contextura.

Adicionalmente se puede rayar el bloque con un elemento duro (clavo, destornillador, etc.) sobre una de sus caras y verificar que al pasar el elemento, el material no se desmorona.

Absorción

Los bloques de buena calidad deben tener una baja absorción, más aún si van a estar en contacto directo con el suelo o en las paredes de tanques.

Apariencia

Esta característica es muy amplia y puede abarcar muchos puntos, pero entre los principales se pueden considerar:

- ✓ El bloque no debe presentar grietas paralelas a la carga.
- ✓ La superficie del bloque debe ser uniforme y asegurar la adherencia del friso.

- ✓ La textura debe ser firme y no presentar desmoronamiento del material.
- ✓ Los bordes no deben presentar irregularidades y deshacerse con facilidad.
- ✓ El color debe ser gris claro y no blanquecino.

Ventajas económicas

El bloque, además de su costo reducido por m^2 de muro, ofrece las siguientes ventajas económicas:

- ✓ El empleo de bloques de concreto permite una reducción apreciable en la mano de obra con relación a otros sistemas, tanto por el menor número de unidades a colocar (12 ½ bloques por m^2 de pared), como por la simplificación de tareas.
- ✓ El muro de bloques de concreto requiere menor cantidad de mortero, lo que significa economía de mano de obra y de materiales.
- ✓ Los paramentos de la albañilería de bloques resultan lisos y regulares, por lo cual no exigen necesariamente revestimiento. Eventualmente se puede mejorar el aspecto con pintura de cemento. En caso de que se especifica revestimiento, el espesor del revoque es reducido, por lo que se obtiene economía de materiales y de mano de obra
- ✓ El empleo de bloques de concreto facilita el refuerzo del muro.
- ✓ El muro con bloques de concreto presenta gran durabilidad y brinda al usuario confort térmico y acústico.

Bloque sometido a ensayo de compresión.

Fuente:

https://scielo.conicyt.cl/pdf/infotec/v18n3/art10.pdf

La prueba de flexión que se realiza apoyando la pieza libremente y sometiéndola a una carga en el centro, de esta prueba se calcula el módulo de ruptura

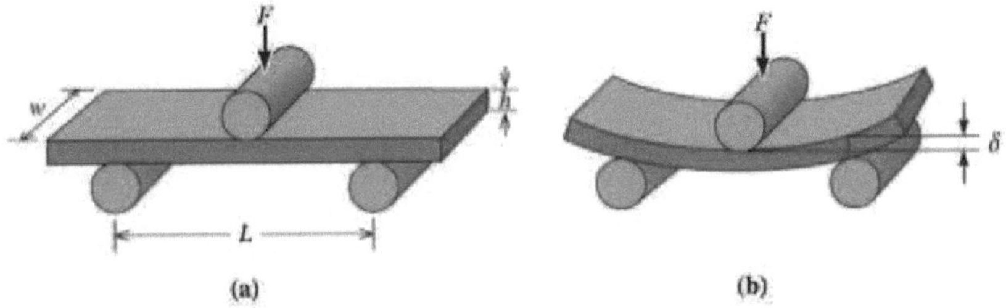

Ensayo de flexión
Fuente: http://mecatronica-ipn-s1.blogspot.com/2015/08/ensayo-de-flexion.html

Fuente: http://www.gtklaboratorio.com/productos/ensayo-de-flexion-y-compresion-de-morteros-de-cemento_5385887_1.html

Muestreo y conformidad

Selección de los especímenes para ensayo

Para propósitos de los ensayos, unidades enteras de albañilería de concreto serán seleccionadas por el comprador y el vendedor o sus representantes de acuerdo a lo establecido por un método aceptado para el muestreo aleatorio que acuerden o adopten. En todo caso las unidades deberán ser seleccionadas utilizando una tabla estadística de números aleatorios. Se deberá tener cuidado para que no se modifiquen las características de las unidades.

Los ejemplares serán representativos del lote total de unidades de los cuales han sido seleccionados. Si los ejemplares para el ensayo son seleccionados en obra, las unidades para el ensayo del contenido de humedad serán muestreadas de la remesa del comprador y colocadas en un envase sellado. Los especímenes seleccionados tendrán configuración y dimensiones similares.

Número de ejemplares

Para determinar la resistencia a la compresión, absorción, peso unitario (densidad), y contenido de humedad, se seleccionarán seis unidades de cada lote de 10 000 unidades o menos y 12 unidades de cada lote de más de 10 000 y menos de 100 000 unidades. Para lotes de más de 100 000 unidades, se seleccionarán seis unidades por cada 50 000 unidades o fracción. Ejemplares adicionales se pueden tomar por acuerdo del comprador y el vendedor.

Para su identificación se marca cada espécimen de manera que pueden ser identificados en cualquier momento. Las marcas cubrirán no más del 5% del área superficial del ejemplar.

4.2.2.2. Ladrillos[59],[60],[61],[62]
4.2.2.2.1. Proceso de fabricación

- **Minería:**

Minería a cielo abierto: Extracción de arcilla.

- **Fase de Homogenización:**

Se colocan los materiales en pilas y con el buldócer se revuelven. Se humecta dependiendo del tipo de arcilla y del producto final. Se tritura el material en un molino.

Se aplana con una maquina aplanadora de rodillos.

- **Fase de Limpieza:**

Se separan las raíces, piedras y hojas con una maquina dotada de unas aspas y unas rejillas que atrapan el material no deseado.

- **Preparación para la Extrusión:**

Se realiza en una tolva y se disminuye el tamaño del material.

- **Fase de Extrusión:**

1. Se realiza en dos máquinas extrusoras, de las cuales sale el material con la forma final.

---

[59] ENSEÑANZA Práctica en la Construcción de la Vivienda; Editorial Piedra Santa, Guatemala, 1976.

[60] BARBARA Zatina, Fernando. Materiales y Procedimientos de Construcción. Editorial Herrero. S.A, México 1982.

[61] DOVAL Montoya, M. García Romero, E., Luque Del Villar, J., Martin-Vivaldi Caballero, J. L. Y Rodas Gonzalez, M. Arcillas Industriales: Yacimientos y Aplicaciones. Editorial Centro de Estudios Ramon Areces, S. A. Madrid, 1991.

[62] Servicio Nacional de Aprendizaje (SENA). Construcciones menores sismo resistentes: Manual técnico de capacitación. Bogotá, Colombia

2. La forma se le da con unas boquillas en las maquinas extrusoras, dependiendo del tipo de ladrillo deseado.

3. El material es cortado teniendo en cuenta las dimensiones necesitadas, esto se hace con una máquina que corta el material cada cierta distancia.

- **Fase de Secado:**

Este se realiza mediante aire caliente insuflado (T = 70 a 80° C), iniciando el proceso con una temperatura baja y aumentándola después para evitar el choque térmico. Tiene una duración entre 24 y 48 horas dependiendo del tipo de ladrillo y se efectúa en unas cámaras con capacidad de hasta unas 100,000 unidades.

- **Fase de Horneado:**

Se realiza en un horno largo con una gran capacidad, que consta de cámaras que se cierran dependiendo de la necesidad (T = 800 y 1300° C).

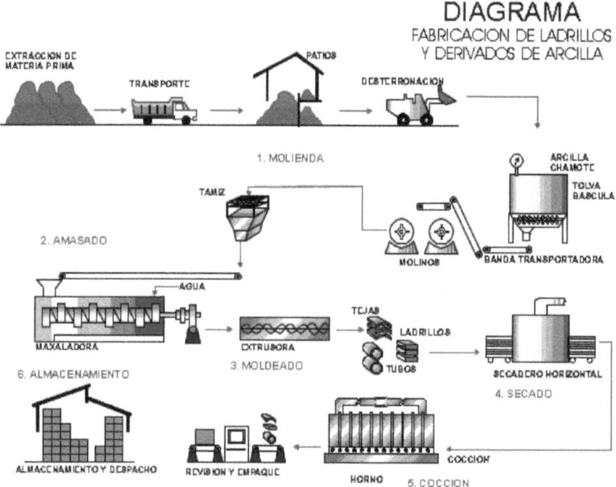

Fuente: https://www.researchgate.net/figure/Diagrama-del-proceso-de-fabricacion-de-ladrillos-de-arcilla_fig1_268520958

4.2.2.2.2. Composición

Las principales materias primas utilizadas en la industria del ladrillo son: arcilla, arena y agua. Las arcillas utilizadas, por lo general, son de 2 clases:

- **<u>Arcillas refractarias.</u>**   Están compuestas por dióxido de silicio (SiO_2), Alúmina (AlO_5) y agua principalmente, conteniendo óxidos de hierro en diversas cantidades, que no sólo las oscurece, sino que hace disminuir ligeramente sus temperaturas de ablandamiento. Pueden contener pequeñas cantidades de elementos alcalinos y alcalinotérreos. Estas arcillas se utilizan para fabricar ladrillos con buena resistencia a temperaturas elevadas.

- **<u>Arcillas ferruginosas y calcareas.</u>** Contienen mayores cantidades de hierro, álcalis y óxidos alcalinotérreos. Tienen temperaturas más bajas de ablandamiento y según el contenido de hierro, pueden variar en la coloración desde casi blancas a una totalidad roja profunda. Estas arcillas se utilizan en la fabricación de ladrillos para construcción, baldosas estructurales, losas para desagüe y otros objetos similares.

<u>Especificaciones.</u> Los ladrillos de construcción se fabrican de tal modo que satisfagan varias especificaciones, dependiendo del uso al cual se destinan. La clasificación se basa en la diferencia a la resistencia a la compresión, la absorción de agua, la resistencia a la refrigeración y el deshielo.

A medida que se aumenta la temperatura de cocido, aumenta la resistencia, disminuye la porosidad y los ladrillos adquieren una coloración más oscura, son más densos y disminuye la absorción de agua.

4.2.2.2.3. Clasificación

Los ladrillos de construcción se clasifican en:

* De fachada.

* Comunes.

* Refractarios.

Los ladrillos de fachada son más oscuros, densos y fuertes que los comunes, debido a las temperaturas más altas de cocción a que se someten, puesto que no absorben tanta agua como los comunes. Son más resistentes a daños por hielo y por lo tanto se utilizan en fachadas de edificios.

Fuente: https://mx.depositphotos.com/46593137/stock-photo-building-facade-with-red-bricks.html

Los ladrillos refractarios se fabrican con arcillas precocidas y preencogidas con el fin de obtener un producto dimensionalmente estable. La resistencia a la compresión es baja ya que no tienen como fin soportar cargas estructurales, sino confinar las llamas a temperaturas elevadas del aire, para proteger a los miembros estructurales.

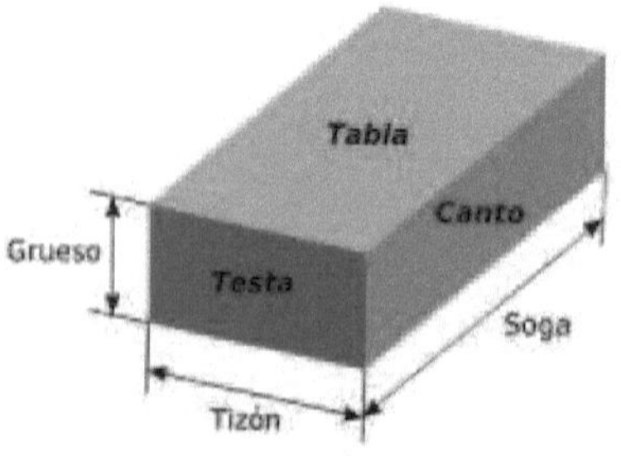

Nomenclatura de las caras y aristas de un ladrillo.

Fuente: https://es.wikipedia.org/wiki/Ladrillo

4.2.2.2.4. Características

✓ **Aislamiento térmico y acústico.** Estas propiedades se deben al sistema de poros, propios de la tierra cocida. Estas propiedades aislantes, pueden controlarse y mejorarse mediante una perforación geométrica adecuada del ladrillo.

✓ **Acumulación de calor.** Elemento aislante por excelencia, el ladrillo acumula calor y se comporta, con respecto a las fluctuaciones de temperatura exterior, como una instalación de climatización.

✓ **Difusión de vapor.** Los ladrillos tienen poros abiertos lo suficientemente grandes para permitir el paso del vapor de agua y del aire, pero lo bastante pequeños para impedir la penetración del agua lluvia. Los ladrillos son fabricados para que puedan acumular humedad y eliminarla rápidamente, resultando una baja humedad de equilibrio.

✓ **Variaciones de forma y volumen.** La dilatación térmica del ladrillo es menor que la de otros materiales, tales como: hormigón, acero, cobre y madera. De igual modo la lenta deformación que se produce en el elemento, sometido a una carga permanente, es prácticamente insignificante.

✓ **Resistencia al fuego.** El comportamiento del ladrillo en caso de incendio es excelente. Se ha demostrado que la capacidad portante del muro de ladrillo a temperaturas altas no disminuye en forma peligrosa.

✓ **Posibilidades arquitectónicas.** Las paredes de ladrillo pueden recibir cualquier tipo de revestimiento. Así mismo pueden quedar a la vista, ya que las texturas en cerámica admiten una ilimitada gama de posibilidades.

✓ **Facilidad de Utilización.** Por ser un material muy conocido y ya probado.

✓ **Economía.** En términos generales, se puede decir que, en el presupuesto de una obra, el rubro correspondiente al ladrillo no sobrepasa el 5%.

✓ **Decorativo.** Tiene un alto valor estético y conserva su belleza a través del tiempo.

✓ **Durabilidad.** Los ladrillos han estado vigentes en todas las épocas y estilos de la humanidad y se ha hecho excelente arquitectura que aún perdura, demostrando su comportamiento y durabilidad.

4.2.2.3. Piedra

La piedra natural es quizás el material de construcción más antiguo, abundante y duradero, se encuentra predominantemente en zonas montañosas. Varios tipos y formas de piedra natural también pueden procesarse para producir otros materiales de construcción.

4.2.2.3.1. Clasificación

Las principales rocas utilizadas en la construcción se dividen en tres categorías geológicas:

Tipos de Rocas
Fuente:
https://www.facebook.com/101793589883266/photos/a.162175133845111.43109.101793589883266/1643423122386964/?type=1&theater

a)   **Rocas Ígneas**: generalmente cristalinas, formadas por el enfriamiento del magma fundido, expulsado a través de las grietas de la corteza terrestre durante las erupciones volcánicas. Es por esto que no pueden contener fósiles o caracoles. Los ejemplos más comunes: granito y piedras volcánicas.

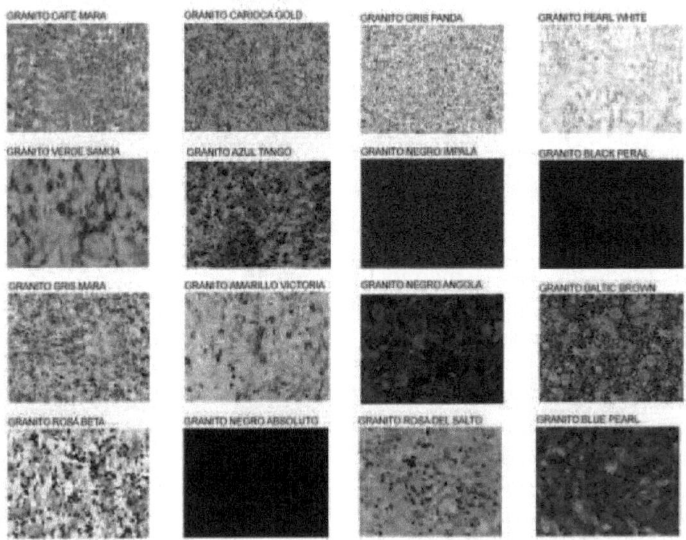

El granito es una roca **ígnea plutónica** que se forma por el enfriamiento de un magma, o fundido alumínico, a grandes profundidades en la corteza terrestre, siendo precisamente este prolongado enfriamiento, el que permite que se formen grandes cristales, lo que le da esa textura cristalina característica del material.

Fuente: http://armandoiachini.info/armando-iachini/armando-iachini-atencion-conoce-los-usos-del-granito/

b)   **Rocas Sedimentarias**:

comúnmente se encuentran en estratos, formadas por la desintegración y

descomposición de las rocas ígneas debido a factores climatológicos (agua, viento, hielo), o por la acumulación de origen orgánico. Los ejemplos más comunes: arenisca y piedra caliza.

Fuente:

https://www.aboutespanol.com/clasificacion-de-piedras-y-su-uso-en-la-construccion-3417896

c) **Rocas Metamórficas**: son rocas sedimentarías o ígneas transformadas estructuralmente, como consecuencia de altas temperaturas y elevadas presiones. Los ejemplos más comunes: pizarras (derivado de la arcilla), cuarcitas (de la arenisca) y mármol (de la piedra caliza).

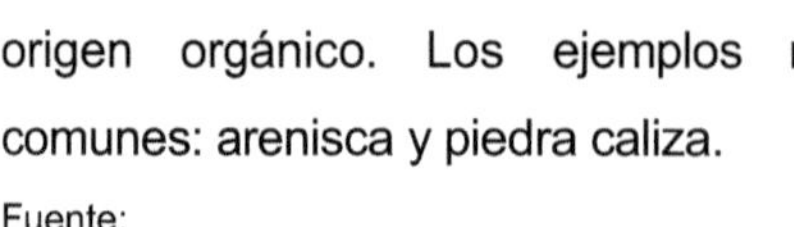
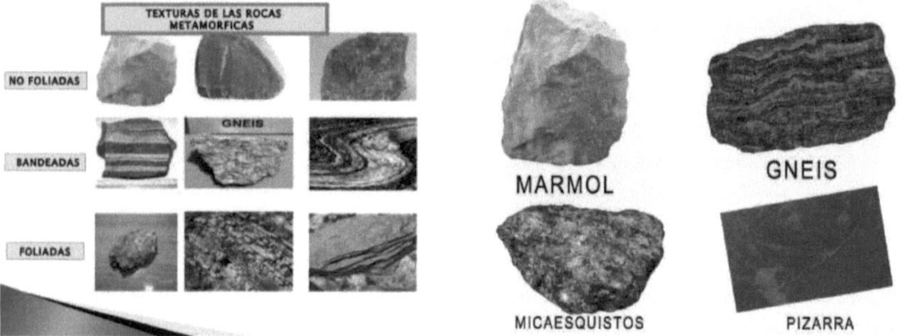

Fuente:

https://bibliozacut.wordpress.com/2018/05/15/atlas-de-rocas-metamorficas/

https://www.pinterest.cl/pin/322851867031879116/?lp=true

4.2.2.3.2. Aplicaciones

Entre las aplicaciones de la piedra para la construcción se tienen:

- Piedra bruta para cimientos, pisos, muros, o en estructuras de techos planos en voladizo, en todos los casos con o sin mortero.

- Sillar (piedra cuadrada o con forma) para obras de albañilería de formas regulares, antepechos de ventanas, dinteles, gradas y pavimentos.

- Piedra impermeable (por ejemplo, granito) como barreras impermeables; también como enchapados del exterior de muros, aunque menos adecuado para construcciones de bajo costo.

- Pizarras para techos.

- Grava y fragmentos de roca como áridos para concreto y terrazo.

- Granulados para superficie de protección de fieltros asfálticos.

- Polvos para pintura.

- Piedra caliza para la producción de cal y cemento.

Fuente:

http://explocan.com/tipos-de-piedras-y-sus-usos-en-la-construccion/

https://granitosgallego.com/fachadas/

http://maxirocas.co/category/fotos-fachadas-exteriores/

Ventajas

• Disponible en abundancia y fácilmente accesible en zonas montañosas; la extracción generalmente requiere bajos costos de inversión y consumo de energía.

• La mayoría de las variedades de piedra son muy resistentes y durables; los requerimientos de mantenimiento son despreciables.

• La impermeabilidad de gran parte de las variedades de piedra, proporciona una buena protección contra la lluvia.

• Climáticamente apropiada en zonas áridas y de la sierra, debido a la alta capacidad térmica de la roca.

Problemas y soluciones

Problemas

• Deterioro como resultado de la contaminación atmosférica, por ejemplo, cuando los compuestos de azufre disueltos en el agua de lluvia producen ácido sulfúrico, el cual reacciona con el carbonato en la roca caliza causando descascaramientos y burbujas de aire.

• Eflorescencia y cuarteado causado por ciertas sales y espuma del mar.

• Daños debidos a los movimientos térmicos de algunas piedras, especialmente cuando están rígidamente fijos a materiales con movimiento térmico diferenciado, por ejemplo, concreto.

• Daños superficiales debido al agua, que disuelve lentamente a la piedra caliza; y/o por un continuo humedecimiento y secado en ciertas areniscas; o por el congelamiento del agua atrapada en las grietas.

• Poca resistencia a los movimientos sísmicos. por lo que hay la probabilidad de destrucción y dañar a los habitantes.

Soluciones

• Evitar la utilización de rocas calizas y areniscas calcáreas cerca de las fuentes de contaminación atmosférica, por ejemplo, en donde se emite dióxido de azufre (del quemado de carbón de piedra y petróleo).

• Evitar tratamientos en la superficie en donde se adhieren las sales; limpiar ocasionalmente las piedras afectadas con una esponja, ayuda a retirar las sales especialmente en áreas costeras.

• Construcción de juntas de dilatación para acomodar las diferencias entre los movimientos térmicos de los materiales adyacentes.

• Construcción de detalles que permitan retirar el agua por evaporación o deseque; para evitar daños de heladas o la destrucción de la roca caliza por la acción química del agua.

• Realizar un cuidadoso diseño de la construcción, especialmente con refuerzos en las esquinas, viga de amarre, etc., en áreas propensas a movimientos sísmicos; evitar especialmente para bóvedas de piedra o techos en voladizo.

4.2.3. Metales

Los metales ferrosos como su nombre lo indica su principal componente es el hierro, sus principales características son su gran resistencia a la tensión y dureza. Las principales aleaciones se logran con el estaño, plata, platino, manganeso, vanadio y titanio.

Los principales productos representantes de los materiales metálicos son:

> ➢ Fundición de hierro gris

> ➢ Hierro maleable

> ➢ Aceros

> ➢ Fundición de hierro blanco

Su temperatura de fusión va desde los 1360°C hasta los 1425ªC y uno de sus principales problemas es la corrosión.

4.2.3.1. Características principales

En los procesos de manufactura son de gran importancia las propiedades de ingeniería, de las que destacan las siguientes:

- ✓ Resistencia a la tensión
- ✓ Resistencia a la compresión
- ✓ Resistencia a la torsión
- ✓ Ductilidad
- ✓ Prueba al impacto o de durabilidad
- ✓ Dureza

Cada una de las propiedades antes señaladas requiere de un análisis específico y detallado. A continuación, sólo se presentan algunas de sus principales características.

Resistencia a la tensión

Se determina por el estirado de los dos extremos de una probeta con dimensiones perfectamente determinadas y con marcas previamente hechas. Al aplicar fuerza en los dos extremos se mide la deformación relacionándola con la fuerza aplicada hasta que la probeta rebasa su límite de deformación elástica y se deforma permanentemente o se rompe.

Varias de las características de ingeniería se proporcionan con relación a la resistencia a la tensión. Así en algunas ocasiones se tienen referencias como las siguientes:

- o La resistencia al corte de un material es generalmente el 50% del esfuerzo a la tensión.

o La resistencia a la torsión es alrededor del 75% de la resistencia a la tensión.

o La resistencia a la compresión de materiales relativamente frágiles es de tres o cuatro veces la resistencia a la tensión.

En los siguientes diagramas se muestran algunos de los procedimientos comunes para aplicar las pruebas de resistencia al corte, la compresión, la fatiga o durabilidad, el impacto, la torsión y de dureza.

**Pruebas de resistencia al corte, la compresión,
la fatiga o durabilidad, el impacto, la torsión y de dureza.**

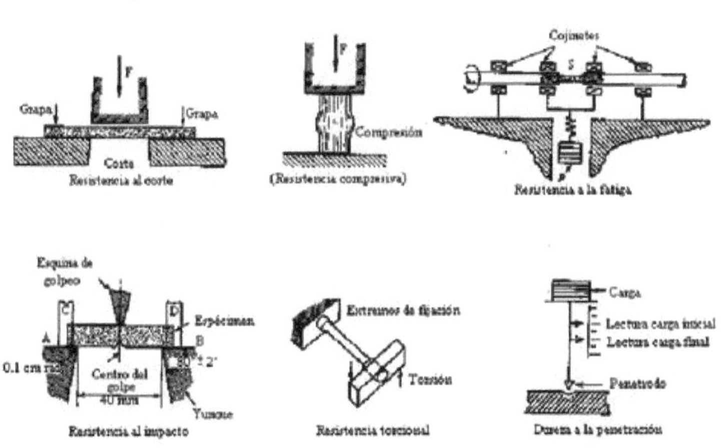

Dibujos esquemáticos de los métodos usados en la determinación
de ciertas propiedades de los materiales usados en ingeniería

Fuente: Materiales de construcción en Guatemala y su aplicación Actual, Carlos Eduardo Fuentes Huette,

Dureza

Por lo regular se obtiene por medio del método denominado resistencia a la penetración, la cual consiste en medir la marca producida por un penetrador, con características perfectamente definidas y una carga también definida; entre más profunda es la marca generada por el penetrador de menor dureza es el material.

Existen varias escalas de dureza, estas dependen del tipo de penetradores que se utilizan y las normas que se apliquen. Las principales pruebas de dureza son Rockwell, Brinell y Vickers.

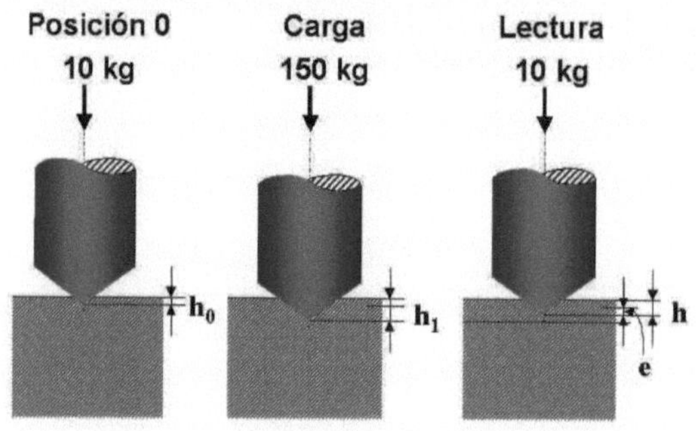

Secuencia de cargas, F, y profundidades en el Ensayo Rockwell.
Fuente:
http://www.upv.es/materiales/Fcm/Fcm02/pfcm2_7_3.html

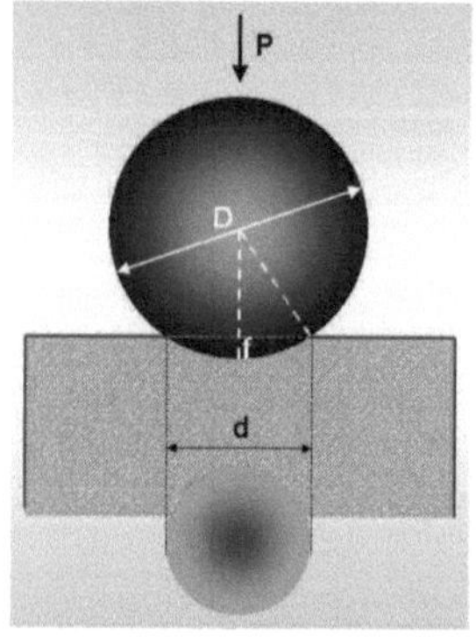

Esquema del ensayo de Dureza Brinell
Fuente:
http://www.upv.es/materiales/Fcm/Fcm02/ptrb2_2_6.html

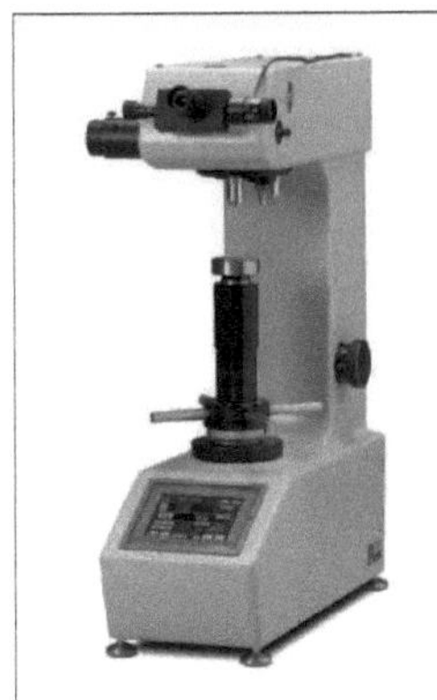

Durómetro Vickers digital

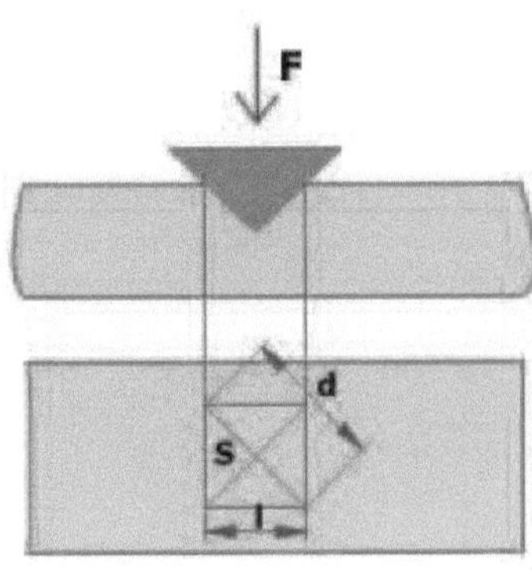

Ensayo Vickers

Fuente: http://www.directindustry.es/prod/leco/product-114499-1153185.html

La dureza Vickers se calcula de forma similar a como lo hacíamos en el ensayo Brinell. En este caso la dureza es función de la superficie lateral de la huella y de la carga aplicada.

$$HV = \frac{F}{S}$$

Igual que sucedía en Brinell, como la superficie lateral de la huella no es una medida que podamos tomar directamente, la expresión, en términos de dimensiones que podemos medir será:

$$HV = 1.8453 \cdot \frac{F}{d^2}$$

siendo:
F: carga aplicada en kg
d: diagonal de la huella en mm

Fuente:
http://educativa.catedu.es/44700165/aula/archivos/repositorio/4750/4913/html/142_ensayo_vickers.html

TABLA 10. Propiedades de los Metales

MATERIAL	PESO ESPECIFICO (Kgf/dm3)	TEMPERATURA DE FUSION (°C)	MODULO DE ELASTICIDAD (Kgf/mm2)	CONDUCTIBIDAD CALORIFICA (cm·s·°C)	COEFICIENTE DE DILATACIÓN LINEAL	CALOR ESPECIFICO $\frac{cal}{g \cdot °C}$	CONDUCTIBIDAD ELECTRICA ((oh·m·mm2)/m)
Acero con 0,2 % C	7.85	1500	21000	0.12	$11 \cdot 10^{-6}$	0.11	8.3
Acero con 0,6 % C	7.84	1470	21000	0.11	$11 \cdot 10^{-6}$	0.11	7.8
Acero con 0,35 % C	7.85	1480	21000	0.12	$11 \cdot 10^{-6}$	0.11	8
Aluminio al 95,5 %	2.70	659	7000	0.53	$23.8 \cdot 10^{-6}$	0.22	37-35
Duraluminio (Al-Cu-Mg)	2.8	520-650	7200	0.35	$23 \cdot 10^{-6}$		20
Plomo	11.34	327	1800	0.084	$29 \cdot 10^{-6}$	0.031	4.8
Hierro Puro (Acero)	7.86	1530	21070	0.16	$12 \cdot 10^{-6}$	0.111	10
Fundición de hierro	7.1-7.3	1152-1350		0.07-0.11	$9 \cdot 10^{-6}$	0.031	0.5-2
Oro	19.3	1063	8120	0.75	$14 \cdot 10^{-6}$		45
Cobre	8.9	1083	12500	0.94	$17 \cdot 10^{-6}$	0.093	57-55
Niquel	8.8	1452	21000	1.14	$13 \cdot 10^{-6}$	0.11	11.5
Platino	21.4	1774	16700	0.17	$9 \cdot 10^{-6}$	0.04	9
Plata	10.5	960	7000	1.01	$20 \cdot 10^{-6}$	0.057	62.5
Cinc	4.114	419	11000	0.26	$29 \cdot 10^{-6}$	0.09	16.5
Estaño	7.28	232	4150	0.15	$27 \cdot 10^{-6}$	0.055	8.3

Fuente: Buen, Oscar. Estructuras De Acero. Ed. Limusa, 1998.

4.2.3.2. Estructura del metal

Todos los materiales están integrados por átomos los que se organizan de diferentes maneras, dependiendo del material que se trate y el estado en el que se encuentra. Cuando un material se encuentra en forma de gas, sus átomos están más dispersos o desordenados (a una mayor distancia uno de otro) en comparación con los átomos de ese mismo material, pero en estado líquido o sólido. Existen materiales en los que sus átomos siempre están en desorden o desalineados aún en su estado sólido, a estos materiales se les llama materiales amorfos, un ejemplo es el vidrio, al que se considera como un líquido solidificado.

En el caso de los metales, cuando estos están en su estado sólido, sus átomos se alinean de manera regular en forma de mallas tridimensionales. Estas mallas pueden ser identificadas fácilmente por sus propiedades químicas, físicas o por medio de los rayos X. Cuando un material cambia de tipo de malla al modificar su temperatura, se dice que es un material polimorfo o alotrópico.

Cada tipo de malla en los metales da diferentes propiedades, no obstante que se trata del mismo material, así por ejemplo en el caso del hierro aleado con el carbono, se pueden encontrar tres diferentes tipos de mallas: la malla cúbica de cuerpo centrado, la malla cúbica de cara centrada y la malla hexagonal compacta. Cada una de estas estructuras atómicas tiene diferentes números de átomos.

La malla cúbica de cuerpo de cuerpo centrado. Es la estructura que tiene el hierro a temperatura ambiente, se conoce como hierro alfa. Tiene átomos en cada uno de los vértices del cubo que integra a su estructura y un átomo en el centro. También se encuentran con esta estructura el cromo, el molibdeno y el tungsteno.

La malla cúbica de cara centrada aparece en el hierro cuando su temperatura se eleva a aproximadamente a 910°C, se conoce como hierro gamma. Tiene átomos en los vértices y en cada una de sus caras, su cambio es notado además de por los rayos X, por la modificación de sus propiedades eléctricas, por la absorción de calor y por las distancias intermoleculares. A temperatura elevada el aluminio, la plata, el cobre, el oro, el níquel, el plomo y el platino son algunos de los metales que tienen esta estructura de malla.

La malla hexagonal compacta se encuentra en metales como el berilio, cadmio, magnesio, y titanio. Es una estructura que no permite la maleabilidad y la ductilidad, es frágil.

Modificar a una malla de un metal permite la participación de más átomos en una sola molécula, estos átomos pueden ser de un material aleado como el carbón en el caso del hierro, lo que implica que se puede diluir más carbón en un átomo de hierro. Si se tiene en cuenta que el carbón es el que, en ciertas proporciones, da la dureza al hierro, entonces lo que se hace al cambiar la estructura del hierro es permitir que se diluya más carbón, con lo que se modifican sus propiedades.

Otra de las características de los metales que influye notablemente en sus propiedades es el tamaño de grano, el cual depende de la velocidad de enfriamiento en la solidificación del metal, la extensión y la naturaleza del calentamiento que sufrió el metal al ser calentado.

4.2.3.3. Uso de los metales en Ingeniería Civil

4.2.3.3.1. Varilla

Varilla corrugada

DESCRIPCION: Barras de acero rectas de sección circular, con resaltes Hi-bond de alta adherencia con el concreto.

USOS: En la fabricación de estructuras de concreto armado en viviendas, edificios, puentes, represas, canales de irrigación, etc.

NORMAS TECNICAS: Composición Química, Propiedades Mecánicas y Tolerancias dimensionales: ASTM A615 - 96a.

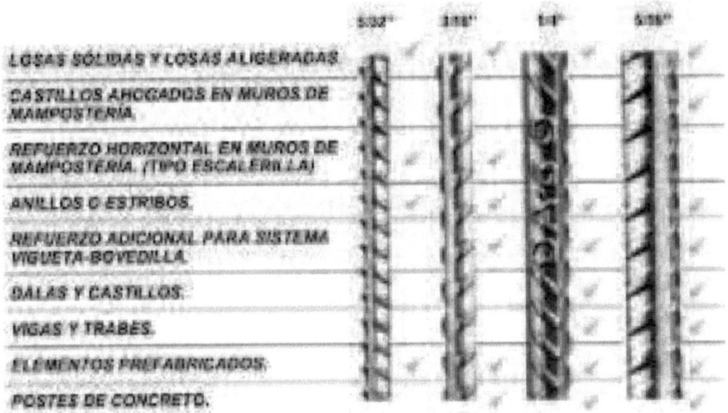

Usos más frecuentes Varilla corrugada

TABLA 11. Dimensiones y pesos nominales de la varilla corrugada

Número Designación	Diámetro Nominal (pulg)	Diámetro Nominal (pulg)		Diámetro Pin* Ensayo Doblado (pulg.)		Varillas por Quintal		
		Mínimo	Máximo	Grado 40	Grado 60	6 mts	9 mts	12 mts
3	3/8	9.24	9.50	1.31	1.31	13.29	8.86	6.65
4	1/2	12.31	12.70	1.75	1.75	7.48	4.99	3.74
5	5/8	15.39	15.90	2.19	2.19	4.79	3.20	2.40
6	3/4	18.47	19.10	3.75	3.75	3.32	2.22	1.66
7	7/8	21.55	22.20	4.38	4.38	2.45	1.63	1.22
8	1	24.63	25.40	5.00	5.00	1.87	1.25	0.94
9	1 1/8	27.78	28.70	------	7.90	1.47	0.98	0.74
10	1 1/4	31.28	32.30	------	8.89	1.16	0.77	0.58
11	1 3/8	34.72	35.80	------	12.69	0.94	0.63	0.47

Fuente: Materiales de construcción en Guatemala y su aplicación Actual, Carlos Eduardo Fuentes

PROPIEDADES MECÁNICAS:

Límite de Fluencia (fy) = 4220 - 5710 kg/cm²

Resistencia a la Tracción (R) = 6330 kg/cm² mínimo

Relación R/fy $\geq$ 1,25

Alargamiento en 200 mm:

Diámetros:

6 mm, 8 mm, 3/8", 12 mm, 1/2", 5/8" y 3/4" = 9% mínimo 1" = 8% mínimo 1

3/8" = 7% mínimo Doblado a 180° = Bueno en todos los diámetros.

Los diámetros de doblado especificados por las Normas Técnicas para la prueba de doblado son:

TABLA 12. Diámetros de Doblado

DIAMETRO BACO (d)	6 mm	8 mm	3/8"	12 mm	1/2"	5/8"	3/4"	1"	1 3/8"
DIAMETRO DOBLADO	3.5d	3.5d	3.5d	3.5d	3.5d	3.5d	5d	5d	7d
Mm	21.0	28.0	33.3	42.0	44.5	55.6	95.5	127.0	250.6

Fuente: Materiales de construcción en Guatemala y su aplicación Actual, Carlos Eduardo Fuentes

IDENTIFICACION:

Las barras son identificadas por marcas de laminación en alto relieve que indican el fabricante, el diámetro y el grado del acero.

Varilla lisa

Es un producto laminado en caliente de sección circular y de superficie lisa.

Fuente: http://www.indenicsa.com/varilla-redonda-lisa/

USOS: Como estribo en columnas y vigas. En barras rectas, en lozas como esfuerzo de repartición y temperatura.

PRESENTACION: En rollos de 440 kg. También puede ser suministrado en barras rectas enderezadas de 6 m de longitud.

DIMENSIONES Y PESOS:

TABLA 13. Dimensiones y Pesos de la Varilla Lisa

DIAMETRO (mm)	SECCION (mm²)	PERIMETRO (mm)	PESO (kg/m)
6.0	28.0	18.9	0.222

Fuente: Materiales de construcción en Guatemala y su aplicación Actual, Carlos Eduardo Fuentes

TOLERANCIAS DIMENSIONALES:

- Tolerancia en el Diámetro = $\pm$ 0.5 mm
- Tolerancia en la Ovalización = 0.7 mm máx.

DUCTIBILIDAD:

El alambrón liso para construcción de 6 mm, es fabricado por laminación en caliente y enfriamiento natural, lo que le da alta ductilidad y trabajabilidad

PROPIEDADES MECÁNICAS:

Límite de Fluencia (fy) = 3800 kg/cm² mínimo.

Resistencia a la Tracción (R) = 6300 kg/cm² mínimo. Alargamiento

en 200 mm = 8% mínimo. Doblado a 180º = Bueno.

Diámetro de Doblado = 24.0 mm.

Varilla cuadrada

DESCRIPCION: Producto de acero laminado en caliente de sección cuadrada.

USOS: En la fabricación de estructuras metálicas, puertas, ventanas, rejas, piezas forjadas, etc.

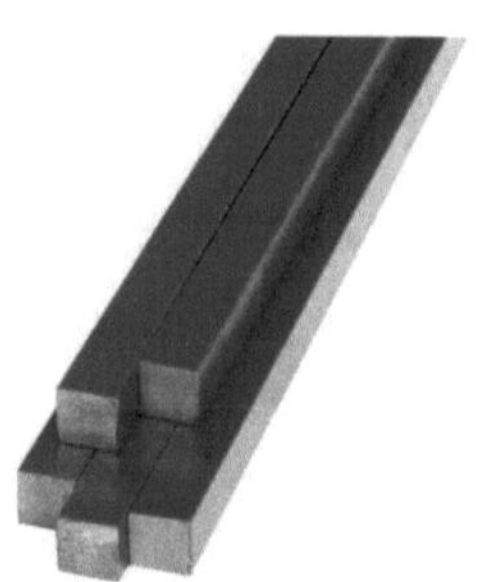

Fuente: https://www.arcelormittalca.com/store/product.php?productid=13

NORMAS TECNICAS:

- Composición química y propiedades mecánicas: ASTM A36 - 96.

PRESENTACION: Se produce en longitudes de 6 metros. Se suministra en paquetes de 4 TM, los cuales están formados por 4 paquetes de 1 TM c/u.

REQUERIMIENTOS QUIMICOS (%):

C = 0.26 máx. Mn = 0.60 / 0.90 (para dimensiones mayores que 3/4"), P = 0.040 máx. S = 0.050 máx, Si = 4.40 máx.

PROPIEDADES MECÁNICAS:

- Límite de Fluencia mínimo = 2530 kg/cm².
- Resistencia a la Tracción = 4080 - 5620 kg/cm² (*).
- Alargamiento en 200 mm

Dimensiones:

- 1/4" = 17.0% mínimo

- 9 mm, 12 mm, 15mm, 3/4", 7/8", y 1" = 20.0% mínimo

• Doblado = Bueno

• Soldabilidad = Buena soldabilidad.

 (*) Cuadrados de 1/4" y 9mm, la resistencia a la tracción es de 3500 kg/cm².

TOLERANCIAS DIMENSIONALES Y DE FORMA:

1. Tolerancias en la dimensión:

2. Fuera de Cuadrado: 75% de tolerancia.

3. Flecha Máxima: 12 mm.

4. Tolerancia de Longitud: + 50 mm

TABLA 14. Tolerancias en la dimensión de la varilla cuadrada

Dimensión Nominal (d) mm	Tolerancias (mm)
d < 15	+ 0.4 +
15 < d < 25	0.5 + 0.6
25 < d ≤ 35	

Fuente: Materiales de construcción en Guatemala y su aplicación Actual, Carlos Eduardo Fuentes

4.2.3.3.2. Perfiles

4.2.3.3.2.1. Angulares

DESCRIPCION: Producto de acero laminado en caliente cuya sección transversal está formada por dos alas de igual longitud, en ángulo recto.

USOS: En la fabricación de estructuras de acero para plantas industriales, almacenes, techados de grandes luces, industria naval, carrocerías, torres de transmisión. También se utiliza para la fabricación de puertas, ventanas, rejas, etc.

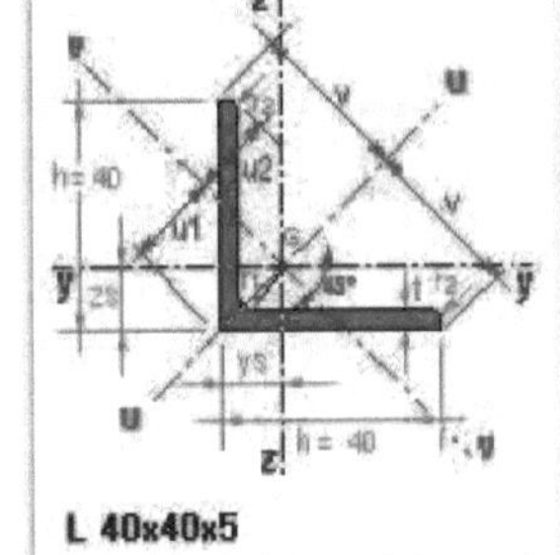

Perfil Angular a modo indicativo,
Fuente:
https://www.construmatica.com/construpedia/Perfiles_Angulares

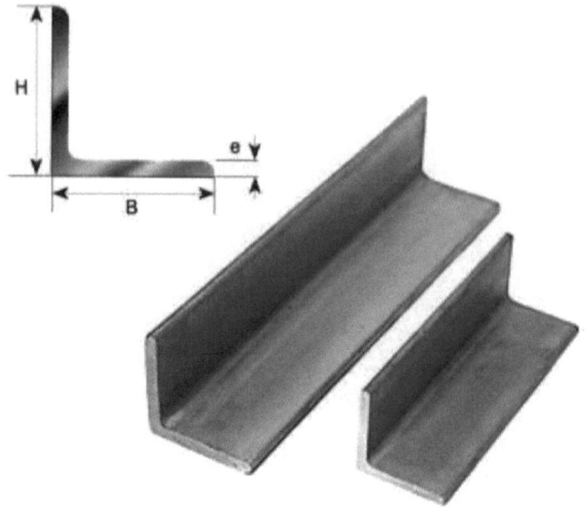

ÁNGULOS
Perfiles angulares de Lados Iguales
Fuente: http://www.grupoiprocon.com/es_LATAM/VE/marcas/productos.html

NORMAS TECNICAS:

- Sistema Inglés: ASTM A36 / A36M - 96.

- Sistema Métrico: Propiedades Mecánicas: ASTM A36 / A36M - 96.

PRESENTACION: Se produce en longitudes de 6 metros.

REQUERIMIENTOS QUIMICOS (%):

C = 0.26 máx. Si = 4.40 máx. P = 0.040 máx. S = 0.050 máx.

PROPIEDADES MECÁNICAS:

- Límite de Fluencia mínimo = 2530 kg/cm².

- Resistencia a la Tracción = 4080 - 5620 kg/cm² (*).

- Alargamiento en 200 mm

Espesores:

- 2.5mm, 3.0mm y 1/8" = 12.5 % mínimo

- 4.5 mm = 14.5 % mínimo

- 3/16" = 15.0 % mínimo

- 6,0 mm = 17.0 % mínimo

- 1/4" = 17.5 % mínimo

- Soldabilidad = Buena soldabilidad.

(*) Para el espesor de 2.5 mm la resistencia a la tracción mínima es de 3500 kg/cm².

4.2.3.3.2.2. Tees

DESCRIPCION: Producto de acero laminado en caliente de sección en forma de **T**.

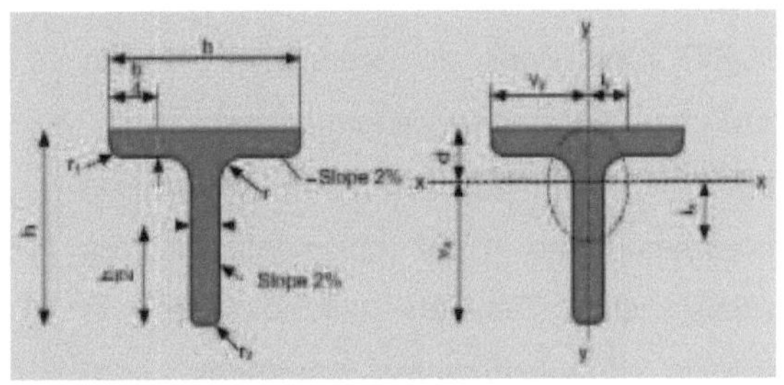

Fuente:
http://acerogmeric.blogspot.com/2012/02/

NORMAS TECNICAS:

Sistema Inglés: ASTM A36 / A36M - 96.

Sistema Métrico: - Propiedades Mecánicas   : ASTM A36 / A36M - 96.

PRESENTACION: Se produce en longitudes de 6 metros.

REQUERIMIENTOS QUIMICOS (%):

C = 0.26 máx. Si = 0.40 máx. P = 0.040 máx. S = 0.050 máx.

PROPIEDADES MECÁNICAS:

Límite de Fluencia mínimo = 2550 kg/cm².

Resistencia a la Tracción = 4080 - 5610 kg/cm². Soldabilidad = Buena soldabilidad.

Alargamiento en 200 mm:

Espesores: 3,0 mm y 1/8" = 12.5 % mínimo.

3 /16"   = 15.0 % mínimo.

Fuente:
http://www.directindustry.es/prod/kloeckner-co-
deutschland-gmbh/product-189389-1862470.html

4.2.3.3.2.3. Vigas H

DESCRIPCION: Perfil de acero laminado en caliente cuya sección tiene la forma de H.

USOS: En la fabricación de elementos estructurales como vigas, columnas, cimbras metálicas, etc. También utilizadas en la fabricación de estructuras metálicas para edificaciones, puentes, barcos, almacenes, etc.

Fuente:

http://ml370.qnet.com.pe/hosting/tradisa/index.php?option=com_content&view=article&id=120%3
Avigas-h-alas-anchas-wf-standard-americano-vigas&catid=36%3Acatalogo&Itemid=58

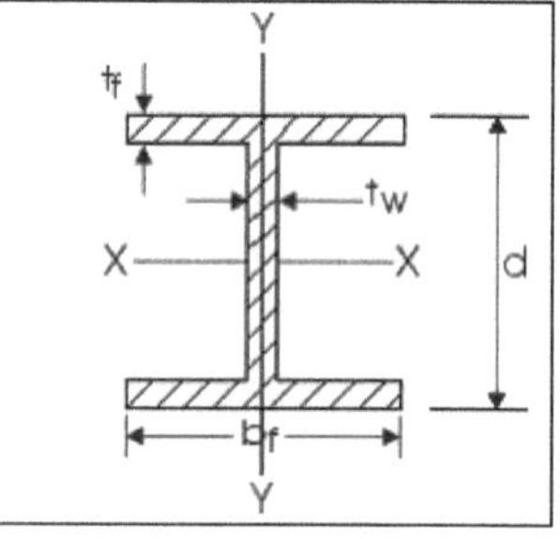

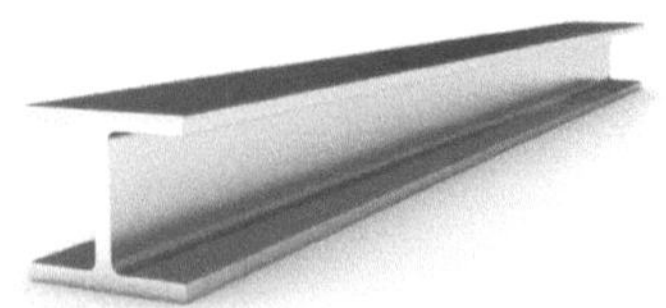

Fuente: http://www.fpetricio.cl/vigas/225-h.html

NORMAS TECNICAS:

• ASTM A36-96.

PRESENTACION: Se comercializa en longitudes de 20 pies (6 096 mm). Se suministra en unidades.

REQUERIMIENTOS QUIMICOS (%):

C = 0.26 máx. P = 0.040 máx. S = 0.050 máx. Si = 0.40 máx.

PROPIEDADES MECÁNICAS:

Límite de fluencia mínimo = 2530 kg/cm²

Resistencia a la tracción = 4080-5610 kg/cm²

Alargamiento en 200 mm:

Espesor del Ala de 1/4" = 18% mínimo

Espesor de alas iguales ó mayores que 3/8" = 20% mínimo Soldabilidad = Buena soldabilidad.

4.2.3.3.2.4. Canales U

DESCRIPCION: Producto de acero laminado en caliente cuya sección tiene la **forma de U.**

NORMA TECNICA: ASTM A36 / A36M - 96.

PRESENTACION: Se produce en longitudes de 6 metros

REQUERIMIENTOS QUIMICOS (%):

C = 0.26 máx. P = 0.040 máx. S = 0.050 máx. Si = 0.040 máx.

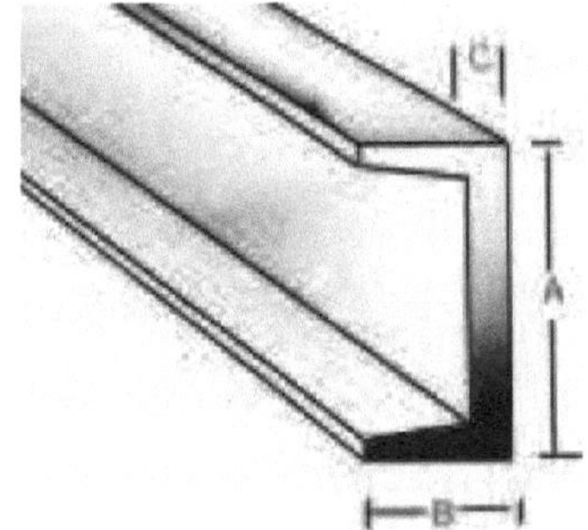

Fuente: https://mx.all.biz/canal-u-cps-g6867

PROPIEDADES MECÁNICAS:

Límite de Fluencia mínimo = 2530 kg/cm².

Resistencia a la Tracción = 4080 - 5620 kg/cm²

Alargamiento en 200 mm:

Espesores alma: 4.3 mm y 4.5 mm = 14.5 % mínimo.

4.8 mm. = 15.0 % mínimo. Soldabilidad = Buena soldabilidad.

Fuente: https://ec.all.biz/perfiles-u-canales-u-g1367

4.2.3.3.2.5. Hembras

DESCRIPCION: Producto de acero laminado en caliente de sección rectangular.

NORMAS TECNICAS:

Composición Química y Propiedades Mecánicas: ASTM A36 - 96.

PRESENTACION: Se produce en barras de 6 metros de longitud.

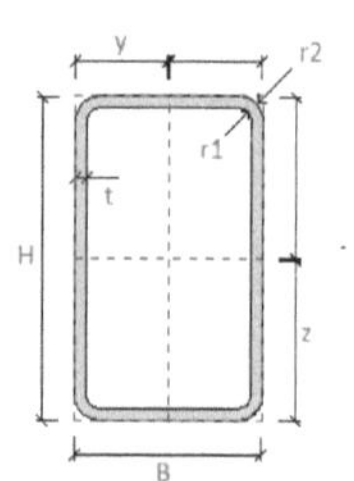

Fuente: https://knowledge.autodesk.com/es/support/revit-products/learn-explore/caas/CloudHelp/cloudhelp/2018/ESP/Revit-Model/files/GUID-31C1849F-0BF4-4F9D-9F76-007F9831AB6F-htm.html

REQUERIMIENTOS QUIMICOS (%):

C = 0.26 máx. Mn = 0.60 / 0.90 (para espesores mayores de 3/4").

P = 0.040 máx. S = 0.050 máx. Si = 0.40 máx.

PROPIEDADES MECÁNICAS:

Límite de Fluencia mínimo = 2530 kg/cm².

Resistencia a la Tracción = 4080 - 5620 kg/cm².

Alargamiento en 200 mm:

Espesores: 1/8"....... = 12.5 % mínimo.

3/16"..............= 15.0 % mínimo. 1/4"................= 17.5 % mínimo. 3/8",

1/2", 5/8", 3/4" y 1" = 20.0 % mínimo.

Doblado a 180º = Bueno.

Soldabilidad = Buena soldabilidad.

Fuente: http://spanish.globalsources.com/gsol/I/Carbon-steel/p/sm/1154514352.htm#1154514352

4.2.3.3.3. Tubería

Materia prima

DENOMINACION: Bobinas LAC

DESCRIPCION: Bobinas de acero laminadas en caliente. Se usa en la fabricación de tubos, perfiles plegados, así como luego de su corte en planchas, se usa para la construcción de silos, carrocerías y construcción en general.

NORMA TECNICA:

•   ASTM A569, ASTM A36 - 96, ASTM A283 - 93a grado C

PRESENTACION:

Se presenta en la calidad comercial y en la calidad estructural. Las bobinas se entregan con peso mínimo de 5 TM.

EMBALAJE

Las bobinas deben   ser enzunchadas longitudinalmente y transversalmente.

Cañería

Se producen dos diferentes clases de cañería: negra (proceso) y galvanizada. Ambas clases utilizan como materia prima lámina rolada en caliente. La cañería negra es utilizada en estructuras metálicas, sistemas óleo hidráulicos y conducción de vapor. Por otro lado, la cañería galvanizada sirve en la conducción de fluidos como agua y aire a baja presión, evitando la oxidación. Puede suministrarse con extremos lisos o con rosca (tipo NPT).

La cañería se clasifica en tres tipos según el espesor de lámina: ligera, mediana y cédula 40 (o pesada). La cañería galvanizada ligera y mediana presenta un recubrimiento de zinc de 400 a 474 gramos por metro cuadrado. Para cañería cédula 40 se usa un recubrimiento de 550 gramos por metro cuadrado.

Tubería para cerca

Se fabrica con lámina rolada en caliente. Es tubería redonda galvanizada con 6 metros de longitud y diámetros de 1 ¼ y 1 ½ pulgadas. El espesor de lámina es de 1.5 mm en ambos casos. Esta tubería se galvaniza con zinc por medio de un proceso de inmersión en caliente. El recubrimiento de zinc es de 400 a 474 gramos por metro cuadrado. Este tipo de tubería no se rosca.

Fuente: http://www.acerosycercados.com/shop/cercados/tuberia/tuberia-galvanizada/

Tubería estructural cuadrada

Este tipo de tubería es fabricada con lámina rolada en caliente. Se utiliza en el área de estructuras metálicas y en cualquier otra aplicación en donde se requieran características mecánicas de resistencia máxima (esfuerzo cedente, esfuerzo de tracción, etc.) Que garanticen y respalden su utilización. Su longitud es de 6 metros.

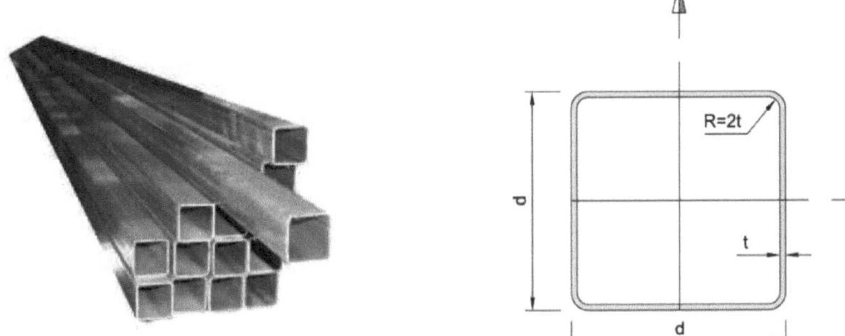

Fuente: https://proaceros.webnode.es/products/tuberia-estructural-cuadrada/

Fuente: http://www.metalco.net/productos/tuberia-estructural/

A continuación se presenta una tabla con las características principales de este tipo de tubería:

TABLA 15. Tubería Estructural Cuadrada

Tubería Estructural Cuadrada					
Dimensiones (mm)	Dimensiones (pulg)	Espesor de Lamina			Peso por Unidad
		Calibre	Pulgadas	Milímetros	
25 x 25	1 x 1	16	0.059	1.5	15.66
25 x 25	1 x 1	14	0.079	2	20.46
38 x 38	1 ½ x 1 ½	14	0.079	2	30.22
38 x 38	1 ½ x 1 ½	12	0.102	2.6	38.58
51 x 51	2 x 2	14	0.079	2	40.77
51 x 51	2 x 2	12	0.102	2.6	52.25
102 x 102	4 x 4	14	0.079	2	82.79
102 x 102	4 x 4	12	0.102	2.6	106.48

Fuente: Materiales de construcción en Guatemala y su aplicación Actual, Carlos Eduardo Fuentes

Tubería industrial[63]

Tubería fabricada con lámina rolada en frío. Se produce en tres tipos: cuadrada, rectangular y redonda en chapas o calibres 18 (1.2 mm), 20 (0.9 mm) y 21 (0.8 mm). Se corta a una longitud de 6 metros. Es utilizada ampliamente en carpintería metálica y herrería en general.

El perfil tubular para la construcción.
Fuente: https://ferrosplanes.com/perfil-tubular-construccion/

---

[63] Materiales de construcción en Guatemala y su aplicación Actual, Carlos Eduardo Fuentes

A continuación, la información relacionada a este tipo de tubería:

TABLA 16. Tubería Industrial Cuadrada

Dimensiones (pulg)	Peso por Unidad (Libras)			Tubos por Atado
	Chapa 21 (0.8 mm)	Chapa 20 (0.9 mm)	Chapa 18 (1.2 mm)	
1/2	4.70	5.29	7.06	20
1/3	6.18	6.95	9.27	20
1	8.32	9.35	12.47	10
1 1/4	10.36	11.65	15.54	10
1 1/2	12.51	14.07	18.76	6

TABLA 17. Tubería Industrial Rectangular

Dimensiones (pulg)	Peso por Unidad (Libras)			Tubos por Atado
	Chapa 21 (0.8 mm)	Chapa 20 (0.9 mm)	Chapa 18 (1.2 mm)	
1/2 x 1	6.18	6.95	9.27	10
3/4 x 1	7.68	8.66	11.55	10
3/4 x 1 1/4	8.29	9.35	12.47	10
3/4 x 1 3/4	10.33	11.65	15.54	10
1 x 1 1/2	10.36	11.65	15.54	10
1 x 2	12.51	14.07	18.76	6

TABLA 18. Tubería Industrial Redonda

Dimensiones (pulg)	Peso por Unidad (Libras)			Tubos por Atado
	Chapa 21 (0.8 mm)	Chapa 20 (0.9 mm)	Chapa 18 (1.2 mm)	
1/2	3.22	3.62	4.82	25
5/8	4.70	5.29	7.06	20
3/4	5.04	5.67	7.56	15
7/8	5.89	6.62	8.83	15
1	6.62	7.45	9.94	10
1 1/4	8.31	9.35	12.47	10
1 1/2	9.99	11.27	15.03	5
1.9	12.66	14.24	18.99	5
5/8 abierta	4.70	5.29	------	20

Tubería Conduit

Se fabrica a partir de lámina rolada en caliente y se utiliza para la conducción de cables eléctricos. Tiene una longitud de 3 metros y posee roscas en ambos extremos. Utiliza una copla corrida no cónica llamada rosca tipo conduit. Se comercializa el tubo Conduit Galvanizado (Conduit HG) y tubo Conduit Negro, recubierto con pintura asfáltica.

Fotografía referencial

Conduit Flexible
Fuente: https://conelectric.cl/tuberia-conduit-flexible

Tubo conduit rígido
Fuente: http://www.dincorsa.com/blog/dincorsa-tipos-usos-tuberias-conduit/

Tubo conduit de plástico rígido (PVC)
Fuente: http://www.dincorsa.com/blog/dincorsa-tipos-usos-tuberias-conduit/

A continuación, una tabla con las medidas que se comercializan:

TABLA 19. Tubería Conduit

Dimensiones	Espesor (pulg)	Libras por Unidad	Tubos por Atado
1/2	0.079	6.737	10
3/4	0.091	9.643	10
1	0.102	13.437	5
1 1/4	0.102	17.208	5
1 1/2	0.114	21.946	1
2	0.114	27.604	1
2 1/2	0.126	36.957	1
3	0.126	45.226	1
4	0.142	65.4.97	1

Tubería ducto

Para fabricar la tubería ducto se utiliza como materia prima lámina rolada en frío. Es tubería redonda de tipo industrial en chapa 20 (0.9mm) y es usada en el área eléctrica para la conducción de cables eléctricos.

Tiene una longitud de 3 metros y está recubierta con una pintura interior y exterior asfáltica aislante. No tiene rosca y utiliza una copla de presión llamada copla ducto.

Ductos eléctricos
Fuente:
http://ductoselectricos.blogspot.com/2008/05/tubo-conduit-no-metlico-rgido-seccin.html

A continuación, una tabla con las medidas que se comercializan:

TABLA 20. Tubería Ducto

Dimensiones	Espesor (pulg)	Libras por Unidad	Tubos por Atado
1/2	0.079	2.646	25
3/4	0.091	3.477	15
1	0.102	4.331	10
1 1/4	0.102	5.636	10

4.2.3.3.4. Alambre de Amarre

Se fabrica utilizando alambre trefilado calibre 16 BWG, el cual es recocido en un horno eléctrico con el objetivo de darle la ductilidad requerida. La venta al público se hace en rollos de 1 quintal, los cuales tienen aproximadamente 2,700 metros de largo.

Fuente: https://idealalambrec.bekaert.com/es-MX/construccion/fijacion/alambre-de-amarre

4.2.3.3.4.1 Alambre Galvanizado

El alambre galvanizado posee un recubrimiento garantizado de zinc electrolítico de clase 1 (99.99% puro), manteniéndose dentro de un rango de 31 gramos por metro cuadrado para todos los calibres que se fabrican. La presentación se hace en rollos de 1 quintal.

Alambre de Amarre
Fuente:
https://articulo.mercadolibre.com.ve/MLV-512420940-alambre-de-amarre-para-la-construccion-175-_JM

4.2.3.3.5. Malla Electrosoldada

La Malla Electrosoldada de cuadro 6"x 6" se compone de 16 varillas longitudinales y 40 varillas transversales, todas ellas de alta resistencia mecánica y unida en todas sus intersecciones.

Sus principales usos son la fabricación de viviendas, tuberías de concreto, diques, túneles, concretos proyectados, canales de riego, armaduras inferiores y superiores de losas, pavimentos, escaleras, muros, etc.

La nomenclatura del pliego de la Malla Electrosoldada se explica a continuación:

a. Varilla longitudinal

b. Varilla transversal

c. Espaciamiento en pulgadas entre varillas transversales

d. Espaciamiento en pulgadas entre varillas longitudinales

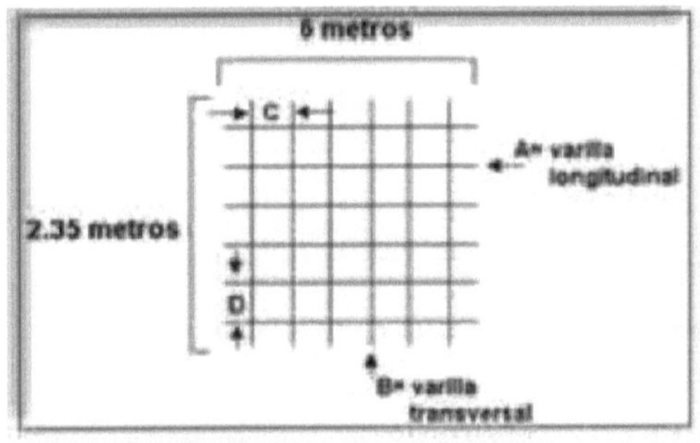

Malla Electrosoldada
Fuente: Materiales de construcción en Guatemala y su aplicación Actual, Carlos Eduardo Fuentes

4.2.4. Construcciones con tierra

Desde los inicios de la humanidad ya los primeros hombres construían con tierra, formando con ella paredes protectoras para tapar las entradas de sus cavernas. La tierra ha sido material de construcción usado en todos los lugares y en todos los tiempos. Los hombres se familiarizaron con sus características y aprendieron a mejorarlas agregándole algunas fibras vegetales, o a intercalar algunas ramas como refuerzos para consolidar sus resistencias. Una variedad del uso de la tierra en combinación con otros materiales, principalmente de origen vegetal, son las construcciones de bahareque. Luego, ya tratados por el fuego, aparecen los ladrillos, material inmejorable para uso en mucha clase de construcción.

En la época moderna se ha reemplazado la tierra por otros materiales como el vidrio, el hierro y el concreto, en especial para las construcciones urbanas, quedando las construcciones de tierra sobre todo para las viviendas rurales, principalmente en los países en vía de desarrollo. En una economía altamente tecnificada como la que se vive hoy, es natural que así suceda con las construcciones urbanas en donde los edificios de altura son más numerosos y el espacio se usa más intensivamente.

4.2.4.1. Adobe[64],[65],[66]

Es un ladrillo hecho con barro que tiene, tradicionalmente, unos 25 x 35 x 10 cms, con un peso promedio de unos 14 kilos. La mezcla ideal contiene un 20% de arcilla y un 80% de arena. Estos materiales, mezclados con agua, adquieren una forma fluida que permite volcarla en formas de madera dotadas de las dimensiones citadas anteriormente. Cuando parte del agua se evapora,

---

[64] IMCA A. C. . Manual De Construcción. Ed. Limusa.

[65] GORCHACOB, G.I. Materiales de Construcción. Editorial Mir., Moscú, Rusia

[66] El Hombre y los Materiales.
http://omega.ilce.edu.mx:3000/sites/ciencia/volumen2/ciencia3/069/htm/elhom bre.htm .

el ladrillo de adobe es entonces capaz de sostenerse por sí mismo. Es entonces cuando se remueve la forma, completándose su secado al sol en áreas libres disponibles para tal fin conocido como "patios de secado".

Después de varios días, para acelerar el secado, los ladrillos son movidos, apoyándoselos en una de sus caras laterales. Al cabo de unos pocos días están listos para ser apilados. La cura completa toma unos 30 días. Para ese momento el ladrillo de adobe es ya tan fuerte como el cemento.

Ladrillos de Adobe
Fuente; https://eudomus.com/como-hacer-ladrillos-de-adobe/

El comportamiento del adobe está ligado a las condiciones y constitución del suelo del cual proviene. Un suelo excesivamente arcilloso exigirá la incorporación de una mayor proporción de otros componentes para balancear su mayor capacidad de contracción-expansión que puede conducir a fisuras y deformaciones. La mejor forma práctica de conocer el comportamiento del suelo es realizar inicialmente la construcción de una pequeña muestra de adobes y observar su comportamiento, incorporando luego, de haber necesidad, los correctivos del caso.

Muchas veces se la considera a la paja como parte esencial del ladrillo de adobe. Esto no es cierto, los ladrillos de adobe contemporáneos no la usan. Su uso se creyó importante para dar rigidez al adobe, o evitar rajaduras al secarse. Lo cierto es que, si la proporción de arcilla y arena es la correcta, no se la necesita. Si el adobe se raja al secarse es porque tiene mucha arcilla.

CAMERUN 76 (LA REGION DE LOS MUSGUM). ...LLENAN EL MOLDE DE MADERA CON EL BARRO YA MEZCLADO CON LA PAJA...
Fuente: https://worldraider.com/2009/12/26/4-camerun-en-el-pais-los-musgum/olympus-digital-camera-1288/

Ya en la construcción, los bloques de adobe se pegan entre sí utilizando mortero de barro. El tradicional mortero de barro ha sido sustituido hoy día, en el caso de bloques de adobe estabilizados, por morteros de cal y cemento pero los morteros de cemento, al ser más fuertes que el adobe no estabilizado y presentar diferente comportamiento de expansión/contracción puede contribuir a deteriorar el material de adobe utilizado. Cuando el adobe se utiliza como muro de carga sus secciones aumentan considerablemente y las construcciones rara vez exceden los dos pisos de altura.

El adobe es un buen aislante térmico. Tiene la capacidad de absorber calor durante lapsos considerables de tiempo. En los países de cambio brusco de temperaturas entre el día y la noche, establece un promedio de temperaturas extremas que resulta beneficioso para el habitante que aloja.

Utilizando dos o tres operadores en el uso de esta tecnología puede alcanzarse una producción diaria de entre 300 y 500 ladrillos de adobe

Generalidades[67]

Aplicaciones
Se emplea en cimientos, muros portantes de hasta dos plantas, cerramientos en estructuras de telar, en entrevigados de cubiertas planas y en bóvedas y cúpulas en regiones áridas y semiáridas.

Presentación
Las dimensiones del adobe varían de una región a otra. En función del tipo de tierra y el clima, se le añadirán los aditivos más adecuados. Los más usados son la paja y la cal, que proporcionan resistencia y cohesión.

Paredes con Ladrillos de Adobe
Fuente:
http://diariodeunacasa.blogspot.com/2011/12/junio-2011-muros-interiores-ladrillo.html

https://articulo.mercadolibre.com.ve/MLV-461027873-adobe-ladrillo-rustico-colonial-macizo-_JM

---

[67] GORCHACOB, G.I. Materiales de Construcción. Editorial Mir., Moscú, Rusia.

Procedencia

Lo más recomendable es fabricarlo en el lugar de destino.

Propiedades
- **Densidad:** 1200-1700 Kg/m3
- **Resistencia a la compresión a los 28 días:** 0.5 - 2 MN/m2
- **Resistencia a la tracción:** buena
- **Absorción de agua:** 0-5% **Resistencia al hielo:** baja
- **Exposición a la intemperie:** reducida
- **Coeficiente de conductividad:** 0.46-0.81 w/m.K
- **Retracción del secado:** 0.2 - 1 mm/m
- **Desfase diario:** 10 - 12 h
- **Resistencia al fuego:** buena
- **Paja más adecuada:** La resultante de la trilla del centeno

En zonas semiáridas es necesario realizar acabados superficiales exteriores (morteros de cal)

4.2.4.1.1. El Adobe semi-estabilizado

Está clasificado como una forma de ladrillo resistente a la humedad debido a la incorporación a su composición habitual de 3% a 5% de su peso en forma de agente estabilizador o de agente impermeabilizante. Este estabilizador posee gran importancia en la protección del bloque de adobe durante el proceso de curado. La emulsión asfáltica es el principal estabilizador debido a su facilidad de uso y bajo costo, pero el añadir en vez de ella un 5 a 10 % de cemento portland produce el mismo resultado. El agente estabilizador debe ser incorporado a la materia prima del adobe con anterioridad a su vaciado en moldes.

Fuente: https://eudomus.com/como-hacer-ladrillos-de-adobe/

4.2.4.1.2. El Adobe estabilizado

Un adobe totalmente estabilizado debe limitar la proporción del agua que asimila al 4 % de su peso, requiriendo para ello la incorporación de una emulsión asfáltica que fluctúa entre el 6 y el 12 % de su peso total. Las paredes exteriores construidas con el adobe así estabilizado (y su mortero) no ameritan de protección adicional y pueden ser dejadas expuestas, sin requerir frisado alguno. De hecho, la insistencia en recubrir paredes con alguna forma de friso impermeabilizado incrementa sustancialmente el costo de la obra.

4.2.4.2. Tapial[68]

En muchos países se conoce y utiliza desde hace siglos la tecnología de tierra apisonada bajo la denominación de tapial. Esta variante, que incorpora cal a la mezcla de barro, opera basándose en el uso de moldes modulares de madera denominados "tapiales" que permiten construir paños de paredes con material comprimido (ajustándose previamente al ancho deseado) y que luego se solapan en bordes angulados para lograr su unión definitiva.

Tradicionalmente se identifican dos tipos de tapial: el tapial real que incorpora cal mezclada con barro y el tapial común que opera basada en barro únicamente. La materia prima utilizada en la construcción de tapial y, en general, de todos los sistemas constructivos que hacen uso de tierra, debe ser cuidadosamente cernida a objeto de eliminar impurezas vegetales que, al pudrirse, pueden originar cavidades y deformaciones en el interior del producto acabado.

---

[68] IMCA A. C.. Manual De Construcción. Ed. Limusa.

4.2.4.2.1. Características del procedimiento constructivo

Las viviendas de tierra prensada poseen comúnmente paredes mucho más gruesas que las requeridas por otras tecnologías pudiendo alcanzar los 90 cms. La construcción de estos muros se realiza mediante el uso de formaletas de hierro o de madera colocadas sobre fundaciones de piedra o de concreto y aplicando gradualmente, unas sobre otras, capas de material húmedo de 15 a 20 cm de espesor. Se aplican entonces pisones hidráulicos que comprimen cada capa reduciendo el volumen de humedad en un 25 a 30 %. Una vez que las capas de barro apisonado alcanzan la altura deseada, se retiran los moldes y se deja secar a la pared. Generalmente se añade a la mezcla como estabilizador el cemento portland.

Debido a su mayor coherencia y consistencia la tecnología de tierra apisonada abarca un mayor espectro climático que la de adobe que debe evitar condiciones rigurosas de lluvias intensas y frecuentes.

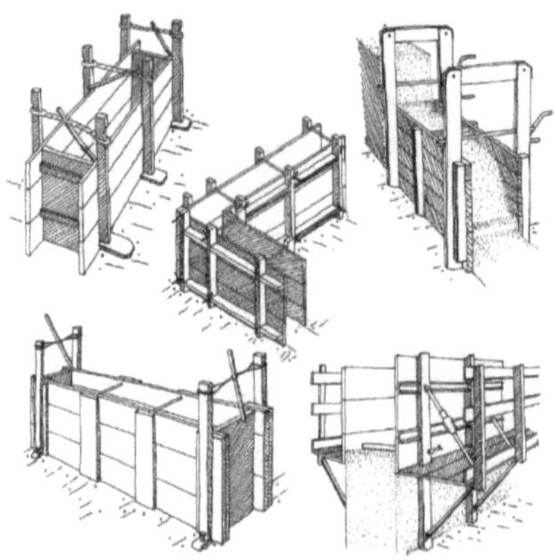

La puesta en obra es sencilla, solo se necesita ir moviendo lateralmente y hacia arriba el encofrado e ir construyendo tramo a tramo el muro deseado, depende de los medios que se dispongan el tamaño de cada tramo de tapial que se podrá ir construyendo.
Fuente: http://construyediferente.com/tapial-tecnica-antigua-nueva/

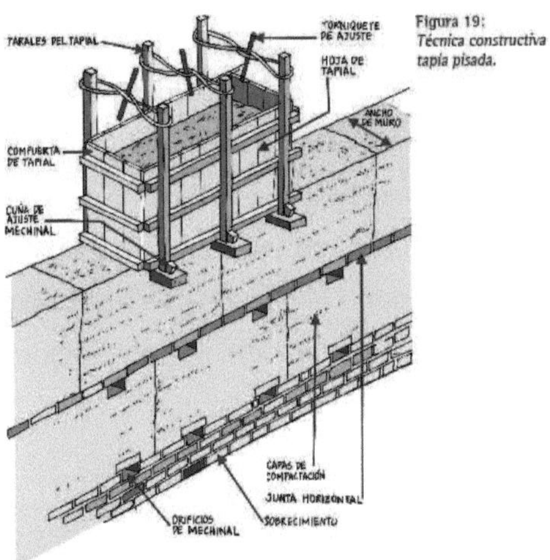

Fuente: http://construyediferente.com/tapial-tecnica-antigua-nueva/

Fuente: http://construyediferente.com/tapial-tecnica-antigua-nueva/

4.2.4.2.2. Beneficios de la tierra prensada

La tierra prensada posee una muy elevada masa térmica (es decir, habilidad para almacenar calor). En los países de clima frío, esto constituye un invaluable recurso en los diseños de sistemas pasivos de energía solar. Durante el invierno, la pared actúa como un acumulador de energía calórica a los rayos del sol, que luego irradia al interior de la edificación compensando el incremento de frío en la temperatura ambiental y actuando como un regulador climático en la edificación.

Durante el verano, el diseñador debe prever adecuada protección solar sobre las paredes (prolongación de quiebra soles y otros recursos que impidan el recalentamiento excesivo de las paredes de la edificación). De existir una marcada caída de temperaturas nocturnas con relación a las diurnas las paredes "respirarán" hacia afuera el exceso de calor acumulado durante el día antes de que el mismo haya logrado penetrar al interior de la edificación.

4.2.4.2.3. Operaciones de acabado

La pared de tierra apisonada, una vez seca, puede ser revestida con friso exterior ("stucco") e interiormente enyesado ("plaster"), el cual puede ser coloreado o simplemente dejado al natural para reducir costos. Y aún este revestimiento puede ser diferido o eliminado.

4.2.4.3. Bajareque

La tecnología del bajareque ha sido durante siglo una de las más populares formas de construcción tradicional de bajo costo en Honduras.

Fuente: https://es.wikipedia.org/wiki/Bahareque

En principio, el bahareque constituye una tecnología constructiva constituida por un entramado de cañas sobre el cual ha extendido manualmente una gruesa capa de barro. La vivienda así elaborada se apoya generalmente en el uso complementario de horcones y de techos de palma entretejida para brindar un refugio ambiental y climático a las clases más desposeídas.

Esta tecnología utilizada consistentemente a través del tiempo cayó progresivamente en desuso durante la segunda mitad del siglo XX, desplazada por un número de importantes factores entre los cuales se destacan:

a) Las campañas sanitarias orientadas a combatir condiciones de vida insalubres derivadas del deterioro interior de las viviendas que hace que sus paredes puedan convertirse en refugio de roedores y de insectos indeseables. También contribuyen a este cuadro de insalubridad el uso de pisos de tierra no tratada, que no necesariamente tiene que ver con el sistema pero que lo acompañan tradicionalmente.

b) Inseguridad de protección de la vivienda contra el robo por vulnerabilidad del techo de palma.

c) Riesgo de incendio por la misma razón.

d) Inseguridad como refugio ante vientos fuertes, tormentas e inundaciones.

e) Y lo que, quizá es el factor decisorio: facilismo de disponer de la solución "láminas de zinc" como forma rápida y fácil de erigir, muchas veces de procedencia gratuita. Esta   antiestética costumbre ha poblado el paisaje de anárquicos despliegues "ferreteros", que han destruído el equilibrio plástico y ambiental y armónico y auténtico que proveían las originales construcciones de bahareque a lo largo de las costas tropicales y de otras regiones de climas más rigurosos.

Como se ve la tecnología del bahareque ha debido cargar con culpas ajenas las cuales no le son directamente atribuibles. Un último punto adverso que destacar resulta el poco atractivo presentado por una tecnología de labor intensiva para las empresas de construcción profesionales.

4.2.4.3.1.   Descripción de la estructura

Es un sistema constructivo empleado en la edificación de viviendas (populares y de bajo costo) cuya estructura se compone básicamente de:

HORCONES: las cuales   hacen   las veces   de   columnas, son tradicionalmente troncos de árboles más o menos rectos, los cuales en uno de sus extremos forman una Y (horqueta).

TRAVESAÑO: es un tronco de árbol, al igual que los horcones, con la única diferencia que sus dos extremos son lisos, el cual hace las veces de una viga.

ESTRUCTURA DE REFUERZO: se utiliza tradicionalmente caña silvestre de diferentes tipos, dependiendo del tipo de cada región o lugar.

MATERIAL DE RELLENO: básicamente, consiste en una mezcla de tierra, agua y material de refuerzo entre los que podemos encontrar "pashte" de trigo, paja, pino seco, viruta, etc; dependiendo de la mezcla tradicional de cada región.

Además, el bahareque **requiere muy pocos recursos**, lo que le convierte en una técnica excelente para construir viviendas en zonas donde estos recursos son limitados, ya que, a pesar de ser un sistema constructivo muy tradicional, que fue utilizado por diferentes pueblos indígenas de América, hoy en día algunos arquitectos lo consideran como la **solución a los problemas de escasez**.
Fuente: https://blog.structuralia.com/el-bahareque-el-remoto-sistema-constructivo-que-respeta-el-medio-ambiente

4.2.4.3.2. Materiales básicos

El principal material que se emplea para la construcción por el método del bajareque es la madera. Se utiliza en el marco o bastidor, puertas, ventanas y techos y en otros casos, hasta para la elaboración de refuerzos de muros.

El tipo de madera que más se emplea para este tipo de construcción es el encino y el pino, por ser materiales de rápida obtención y su gran aceptación en el área rural.

Para el refuerzo de muros se ha utilizado, tradicionalmente, la caña, de la cual se tiene una gran variedad entre ellas: caña brava, carrizo, caña de castilla, en algunos casos se sustituye dicho refuerzo estructural por madera trabajada en forma de reglas.

Para la unión o auto-fijación entre caña-horcón y horcón viga tradicionalmente se ha utilizado fibra de maguey, (bejuco), cañuela(bejuco), tallo de plátano. Además, se han substituido dichos materiales por alambre de amarre, clavo, etc.

El material de relleno de muros es mezcla que consta de: tierra, agua y material de refuerzo en el relleno. Para la construcción de techos, tradicionalmente, se emplean enrejillados de madera rustica de aproximadamente 2" de diámetro y sobre esta se coloca manojos de paja amarradas con fibra de maguey. En otros casos se ha sustituido la paja por lámina de zinc.

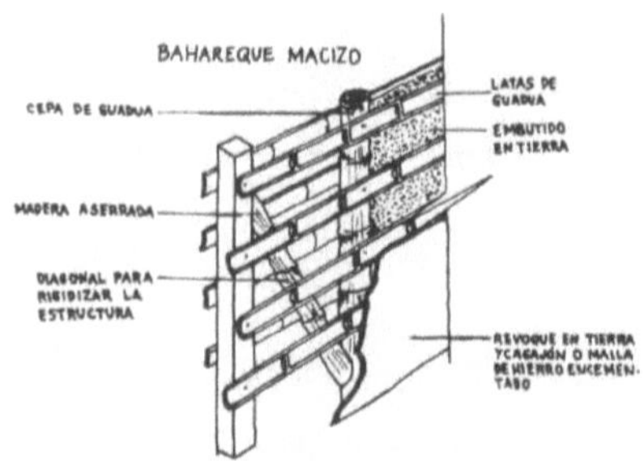

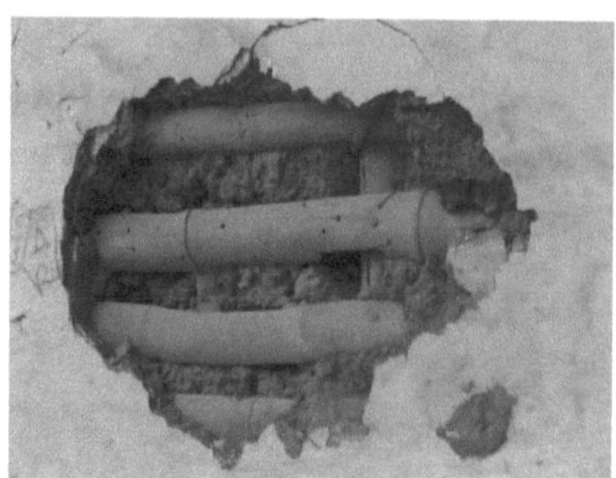

Fuente: http://vivalanigua.blogspot.com/2015/

Fuente: https://carloseduardoamezquita.wordpress.com/2014/01/19/conciencia-deteriorada-en-bahareque/

Casa de Bajareque o Bahareque
Fuente: http://365palabras.blogspot.com/2013/02/bahareque.html

4.3. Complementarios

4.3.1. Materiales derivados del petróleo[69]

4.3.1.1. Plástico

4.3.1.1.1. Composición y formulación

Están constituidos por una resina básica a la que se añaden compuestos químicos que modifican sus propiedades. Estas resinas son grandes moléculas formadas por otras más pequeñas. Los componentes básicos químicos son carbono, hidrógeno, oxígeno, flúor y cloro que forman estructuras muy sencillas y por el calor, en presencia de un catalizador forman lo que llamamos polímeros.

4.3.1.1.2. Propiedades generales

Son de peso ligero, un buen aislante del calor, resistente a la corrosión atmosférica y fácil de fabricar. Es el aislante eléctrico por excelencia ya que en baja frecuencia compite con la porcelana y la madera, pero en alta frecuencia no tiene competencia. Algunos de ellos tienen grandes propiedades mecánicas.

Son materiales que pueden deformarse hasta conseguir una forma deseada por medio de extrusión, moldeo o hilado. Estos se caracterizan por una relación resistencia/densidad alta, unas propiedades buenas para el aislamiento térmico y eléctrico y una excelente resistencia a los ácidos, álcalis y disolventes. Están compuestos por enormes moléculas las cuales pueden ser lineales, ramificadas o entrecruzadas, obedeciendo el tipo de plástico.

Fuente: https://www.arqhys.com/construccion/plastico-construccion.html

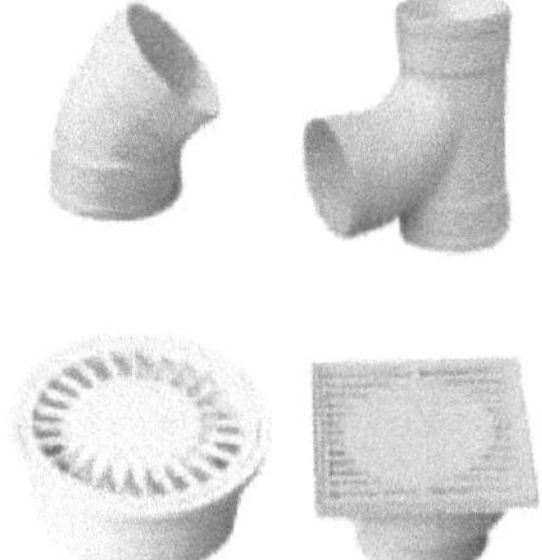

---

[69] DE Cusa, Juan. Revestimientos y Materiales Cerámicos. Ediciones Ceac.

4.3.1.1.3. Formas utilizadas en el suministro

Sólida en forma de grano y polvo. Compuestos de moldeo en forma de escamas, granos o polvo. Líquida empleada en recubrimientos de diversos materiales. Soluciones en forma de barnices y lacas. Emulsiones que son una mezcla en la que gotas de plástico están suspendidas en otro líquido. Las dispersiones son una combinación de una disolución y una emulsión modificadas son a las que se agregan sustancias para abaratarla, modificar resistencia, etc. Fibras en forma de tejidos (nylon) y películas.

4.3.1.1.4. Clasificación

- **Termoestables.**

Son los cuales en que el calor, con o sin presión, se endurecen formando una reacción química irreversible, es decir, no se ablandan al calentarlos nuevamente

Maqueta de una cubierta aislada con poliuretano

Son los plásticos formados por cadenas unidas por enlaces fuertes. Al calentar por primera vez el polímero se ablanda y se le puede dar forma, entonces el polímero pasa a ser rígido y no se funde al calentarlo de nuevo.
Fuente: https://sites.google.com/site/atenea31qyj/materiales-plasticos/clasificacion/termoestables

- **Termoplásticos.**

Se reblandecen y permanecen blandos con el calor, es decir, después de enfriados se pueden volver a moldear al someterlos a la acción del calor, conservando sus propiedades a lo largo de todos estos tratamientos.

Nuevo termoplástico Ultramid en herrajes para ventana
Fuente: https://www.interempresas.net/Construccion/Articulos/159674-Nuevo-termoplastico-Ultramid-en-herrajes-para-ventana.html

- **Resinas o plásticos colados.**

Son resinas preparadas como líquidos que pueden echarse en moldes endureciéndose sólo por la acción del calor o a temperatura ambiente. Se les suele incorporar sustancias acelerantes.

- **Moldeados en frío.**

Son unos productos minerales y orgánicos, juntos o separados, que contienen ligantes resinosos.

- **Elastómeros.**

Son aquellas resinas que al vulcanizarse con productos como el azufre se obtienen materiales parecidos a la goma.

Fuente: http://insul-therm.com.mx/insul/index.php/es/pages/aislamiento/para-altas-temperaturas/elast%C3%B3meros-rollos-detail.html

Los comúnmente denominados "**Apoyos de elastoméricos**" o "**Apoyos de neopreno**" son elementos constituidos por un bloque de elastómero que contienen en su interior una serie de de chapas de acero que por adherencia y vulcanización forman un solo cuerpo. Por elastómero se entiende materiales similares al caucho natural (NR – Natural rubber), entre los que mayoritariamente se emplea el cloropreno (CR – Chloroprene rubber), llamado comúnmente neopreno, cuya denominación química es poli-2-clorobutadieno.

Fuente: https://www.cymper.com/blog/apoyos-elastomericos-cosas-que-debes-saber/

4.3.1.1.5. Métodos de transformación

- **Moldeo por extrusión.**

Se obtienen perfiles, barras, tubos, molduras y planchas. Se emplean casi exclusivamente en los plásticos termoplásticos.

Se carga el plástico por una tolva a un cilindro caliente que lo ablanda, mientras que mediante un tornillo sinfín llega a una boquilla con diferentes formas.

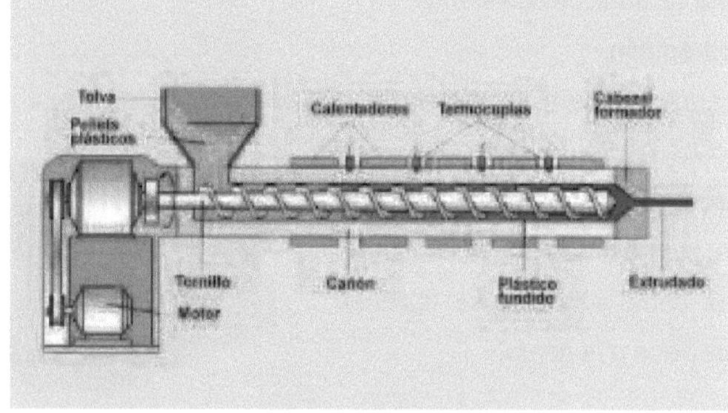

Esquema de extrusor
Fuente: http://tecnologiadelosplasticos.blogspot.com/2011/03/extrusion-de-materiales-plasticos.html

- **Moldeo por inyección.**

Generalmente se utiliza para moldear los plásticos termoplásticos. Introducimos el material en una cámara para calentarlo y posteriormente se inyecta a baja presión a un molde en el cual se enfría.

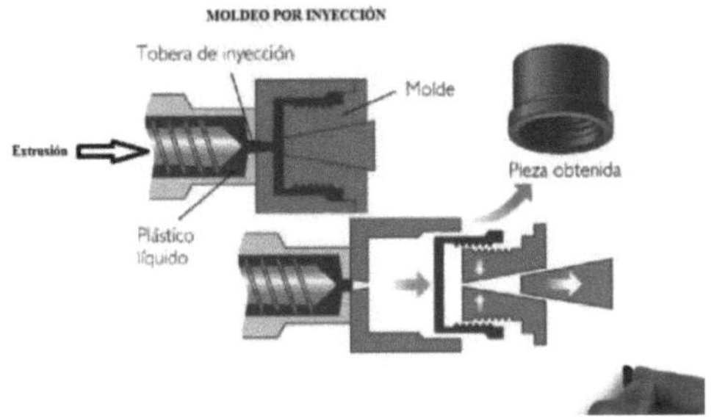

Fuente: https://nanova.org/noticias/2018/06/todo-lo-que-necesita-saber-sobre-el-moldeo-por-inyeccion/

- **Moldeo por compresión.**

Generalmente se utiliza para moldear los plásticos termoplásticos.

Introducimos el material en un molde calentándolo a una temperatura superior a 100 °C y en él se comprime dándole la forma del mismo. El calentamiento del molde se puede hacer también con caldeo electrónico y radiofrecuencia.

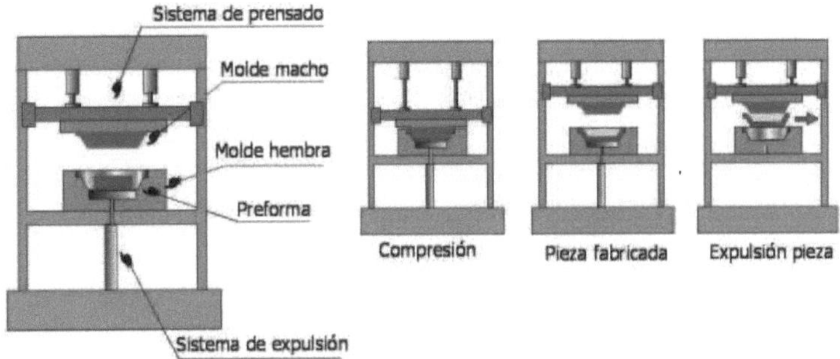

Fuente: https://materialsdesign.wordpress.com/compresion/

- **Moldeo por transferencia.**

Es semejante al de inyección. Se emplea mucho en termoestables. Se realiza en dos fases: en una primera, se plastifica o funde; en la segunda, se inyecta en el molde que queramos que adquiera su forma y en este se comprime.

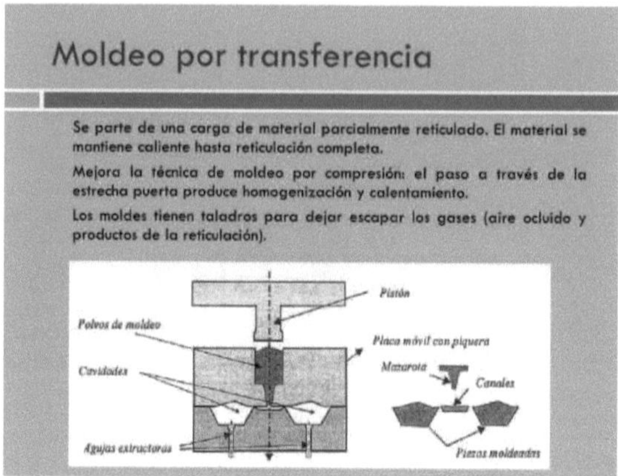

Fuente: http://vafomeque10.wixsite.com/ceramicos/procesos-industriales

- **Moldeo a chorro.**

Prácticamente es igual que el de inyección. Como diferencia es que se emplea casi exclusivamente en los termoestables. La presión ejercida es muy superior al de inyección.

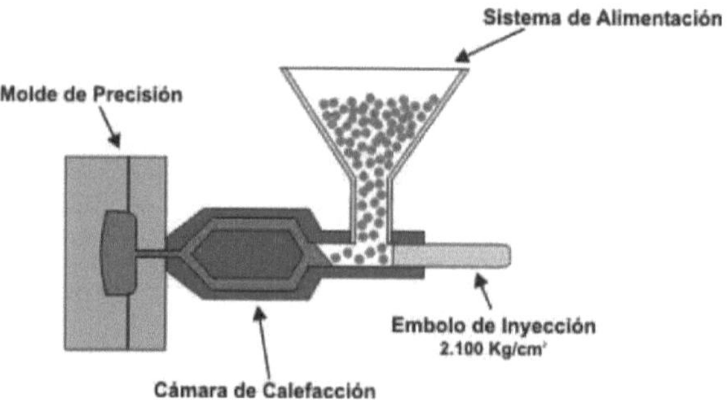

Fuente: https://www.textoscientificos.com/polimeros/moldeado

- **Moldeo por soplado.**

Generalmente se utiliza en los termoestables. Calentamos una lámina que comprimimos por aire sobre las paredes de un molde. Según sea éste, obtendremos recipientes, flotadores, etc.

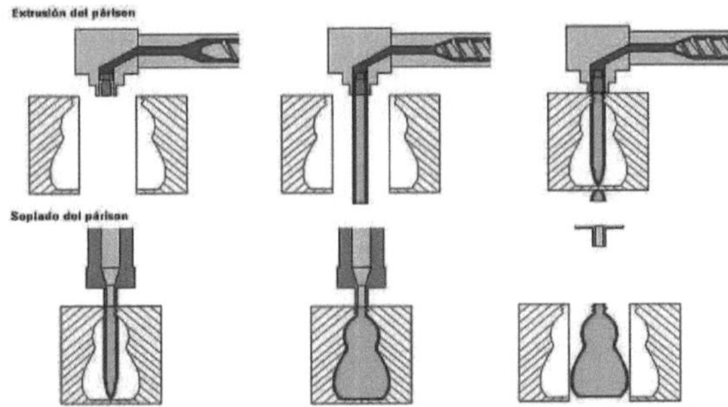

Fuente: http://vafomeque10.wixsite.com/ceramicos/procesos-industriales

- **Moldeo en bolsa.**

La materia prima y el molde se introducen en una gran bolsa de goma de la cual se extrae el agua. Prácticamente ha desaparecido.

- **Laminado.**

Se realiza en dos fases: en una primera, impregnamos las resinas plásticas sobre una lámina de papel o tela formando una armadura y dejamos secar; en la segunda fase, colocamos más láminas sobre otras hasta alcanzar el grosor deseado. Se calientan y sobre diferentes tipos de moldes se comprimen obteniendo diferentes formas.

- **Moldeo en prensa caliente.**

Posteriormente a obtener láminas de plástico, se coloca sobre un soporte metálico caliente sobre el cual se ejecuta una presión.

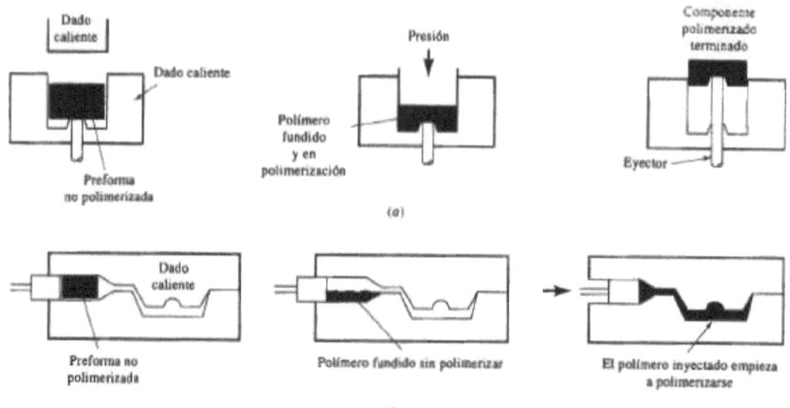

FIGURA 15-38 Procesos típicos de conformado de polímeros termoestables: (a) moldeo por compresión y (b) moldeo por transferencia.

Métodos de transformación
Fuente: https://www.monografias.com/trabajos32/procesamiento-plasticos/procesamiento-plasticos.shtml

• Postformado.

A veces, en los plásticos termoestables con un nuevo calentamiento se le puede dar una forma diferente. Es análogo al estampado de los metales.

Tableros Postformados

Fuente: https://www.facebook.com/torrespostformados/posts/10155097840029781

•Plásticos espumosos.

Generalmente, para formar este tipo de plásticos se les adiciona bicarbonato sódico. Al calentarse se libera el dióxido de carbono produciéndose poros, disminución de la densidad. Por este motivo, resulta un aislante térmico de gran poder.

4.3.1.2. Poliestireno

El poliestireno (ps) es el tercer termoplástico de mayor uso debido a sus propiedades y a la facilidad de su fabricación. Posee baja densidad, estabilidad térmica y bajo costo. El hecho de ser rígido y quebradizo lo desfavorecen. Estas desventajas pueden remediarse copolimerizándolo con el acrilonitrilo (más resistencia a la tensión).

Es una resina clara y transparente con un amplio rango de puntos de fusión. Fluye fácilmente, lo que favorece su uso en el moldeo por inyección; posee buenas propiedades eléctricas, absorbe poca agua (buen aislante eléctrico), resiste moderadamente a los químicos, pero es atacado por los hidrocarburos aromáticos y los clorados. Se comercializa en tres diferentes formas y calidades:

De uso común, encuentra sus principales aplicaciones en los mercados de inyección y moldeo.

Fuente: https://arquigrafico.com/poliestireno-expandido-ventajas-de-su-uso-en-la-construccion/

Poliestireno de impacto (alto, medio y bajo) que sustituye al de uso general cuando se desea mayor resistencia. Utilizada para fabricar electrodomésticos, juguetes y muebles. Expandible se emplea en la fabricación de espuma de poliestireno que se utiliza en la producción de accesorios para la industria de empaques y aislamientos.

Los usos más comunes son:

- ✓ Poliestireno de medio impacto: Vasos, cubiertos y platos descartables, empaques, juguetes.
- ✓ Poliestireno de alto impacto: Electrodomésticos (radios, TV, licuadoras, teléfonos lavadores), tacos para zapatos, juguetes.
- ✓ Poliestireno cristal: piezas para cassettes, envases desechables, juguetes, electrodomésticos, difusores de luz, plafones.
- ✓ Poliestireno Expandible: envases térmicos, construcción (aislamientos, tableros de cancelería, plafones, casetones, etc.).

Poliestireno Expandido
Fuente: https://arquigrafico.com/poliestireno-expandido-ventajas-de-su-uso-en-la-construccion/

4.3.1.3. Revestimientos

Se dosifican según el aglutinante y el grosor de las cargas. Los revestimientos dan estanqueidad e impermeabilidad a los paramentos exteriores y duración a la intemperie debido a su grosor. El gran inconveniente es que retienen el polvo y la suciedad ambiental.

- **Pastas plásticas**

Son pinturas de espesor grueso con cargas finas que se presentan en pastas espesas de fácil aplicación y los relieves suaves (picado, arpillera, gotelet y tirolesa). Se les suele dar un acabado con un barniz transparente para suavizar el tacto y facilitar la limpieza. Se pueden emplear en interiores y exteriores.

- **Revocos plásticos (Ispo-putz)**

Tienen cargas gruesas (granos de 2 mm. o superior) de tal forma que se destacan. También se presentan en forma de pastas y se aplica con pistolas especiales.

- **Marmolinas**

Llevan un aglutinante transparente e incoloro apreciándose los distintos tonos de los granos de mármol.

Catalogo Revestimientos

Fuente: https://www.teais.es/es/listado_productos/REVESTIMIENTOS.html

Ejemplo de Revestimiento con Marmolina
Fuente: https://fotos.habitissimo.cl/foto/revestimiento-marmolina_195812

4.3.1.4. PVC[70]

El Policloruro de Vinilo, plástico llamado PVC, es una combinación química de carbono, hidrógeno y cloro. Sus materias primas provienen del petróleo (en un 43%) y de la sal común, recurso inagotable (en un 57%).

4.3.1.4.1. Principales características

Es ligero, químicamente inerte y completamente inocuo. Resistente al fuego y a la intemperie, es impermeable y aislante (térmico, eléctrico, acústico), de elevada transparencia, protege los alimentos, es económico, fácil de transformar y totalmente reciclable.

---

[70] CALEB, Hornbostel. Materiales para construcción. México: Limusa Noriega editores, 1999.

4.3.1.4.2. Obtención y usos

Se obtiene por polimerización del cloruro de vinilo, cuya fabricación se realiza a partir del cloro y etileno. El PVC es un material termoplástico, es decir, que bajo la acción del calor se reblandece, y puede así moldearse fácilmente; al enfriarse recupera la consistencia inicial y conserva la nueva forma. Pero otra de sus muchas propiedades es su larga duración.

Está pensado y formulado para durar. Por este motivo, el PVC es utilizado a nivel mundial en un 55% del total de su producción en la industria de la construcción. El 64% de las aplicaciones del PVC tienen una vida útil entre 15 y 100 años, y es esencialmente utilizado para la fabricación de tubos, ventanas, puertas, persianas, muebles, etc. Un 24% tiene una vida útil entre 2 y 15 años (utilizado para electrodomésticos, piezas de automóvil, mangueras, juguetes, etc.).

El resto -12%- es utilizado en aplicaciones de corta duración, como por ejemplo, botellas, tarros, film de embalaje, etc., y tiene una vida útil entre 0 y 2 años. La mitad de este último dato (un 6%) es utilizado para embalaje, razones por las que el PVC se encuentra en cantidades muy pequeñas en los Residuos Sólidos Urbanos (RSU): tan sólo el 0,7%. Otras propiedades del PVC, que hacen que ocupe un lugar privilegiado dentro de los plásticos, son las siguientes: ligero; inerte y completamente inocuo; resistente al fuego (no propaga la llama); impermeable; aislante (térmico, eléctrico y acústico); resistente a la intemperie; de elevada transparencia; protector de alimentos y otros productos envasados, y de aplicaciones médicas (por ejemplo, tubos y bolsas para plasma; para transfusiones, suero y diálisis; guantes quirúrgicos), económico en cuanto a su relación calidad-precio; fácil de transformar (por extrusión, inyección, calandrado, termo conformado, prensado, recubrimiento   y moldeo de pastas);y es reciclable.

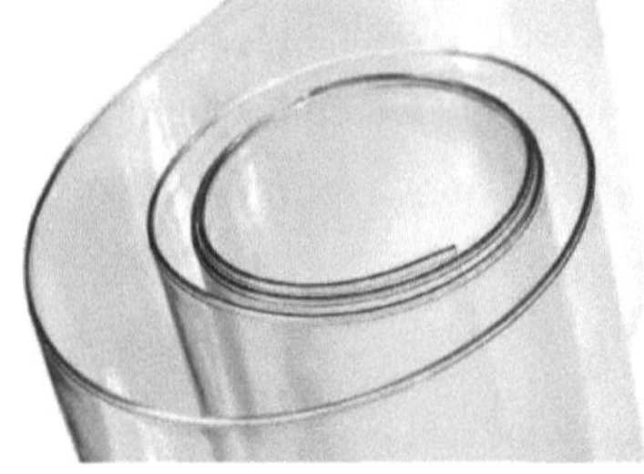

PVC en Rollo
Fuente: http://en.aag.world/shop/clear-pvc-rolls-681p.html

Perfiles de PVC
Fuente: https://www.pcw.gmbh/en/products/decelith-pvc-compounds/

Lamina de PVC para cielo Falso
Fuente:
http://www.barracaparana.com/construccion-en-seco/sistema-interior/cielorrasos-en-pvc/1454067532-forro-pvc-relevo-mm-raastico/

Accesorios de PVC para tubería
Fuente: http://www.tirupatistructurals.com/pvc-plumbing-fittings.html

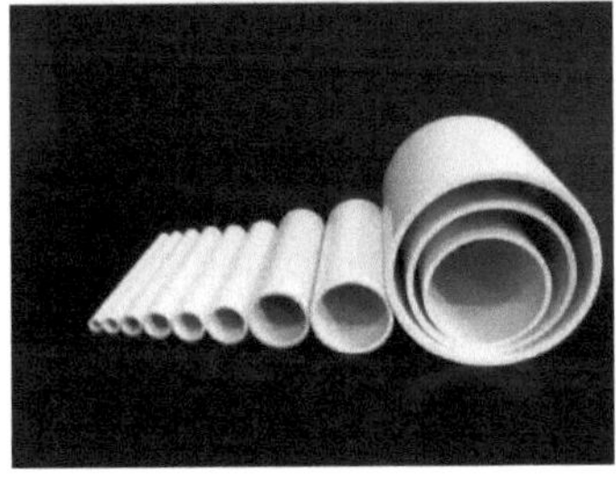

Diferentes diámetros de tubería de PVC
Fuente: https://www.ebay.com/itm/Any-Size-Diameter-PVC-Pipe-Sch-40-or-80-1-4-24-Inch-/131855688616

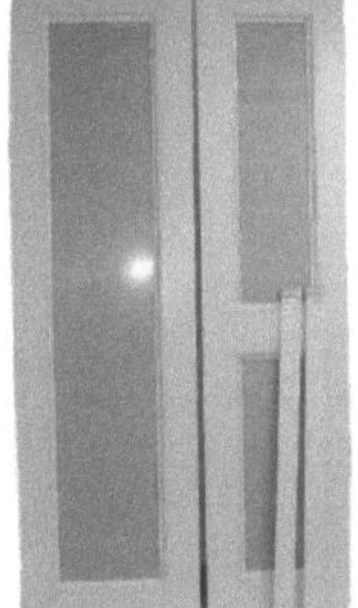

Puertas de PVC
Fuente: http://portelli.com.co/portfolio/puertas-en-pvc/

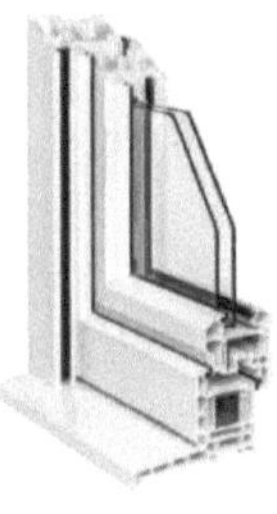

Ventanas de PVC
Fuente: http://www.garmamilenium.com/ventanas-de-pvc-madrid/

Proyecto con ventanas de PVC.
Fuente: Elaboración Propia
Diseño: Arq. Jorge Marulanda
https://www.facebook.com/Dr-Jorge-Marulanda-165624470175999/

4.3.2. Materiales cerámicos y derivados[71]

4.3.2.1. Vidrio

Sustancia inorgánica de estado continuo similar al estado líquido que como consecuencia de haber sido enfriado desde un estado fundido ha alcanzado tan alto estado de viscosidad que puede considerarse a todos los efectos como un sólido.

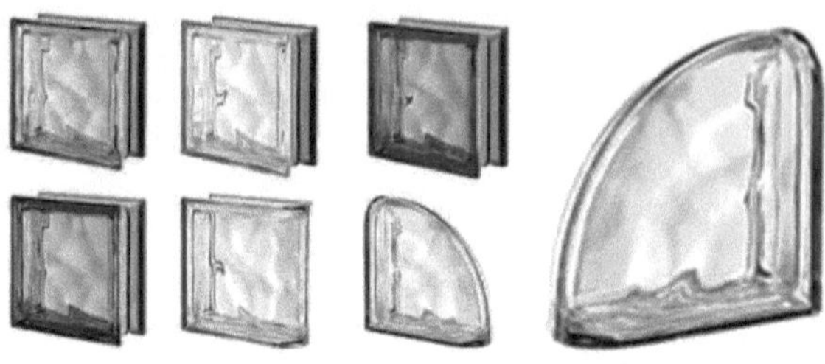

Bloque de vidrio (Vitroblock)
Fuente: http://www.tiendasgamma.es/Puntos-de-venta/lopezsantiago/Productos/Materiales-y-herramientas/Tabiqueria-ceramica-y-carton-yeso/Bloque-de-vidrio-Pegasus-Serie-metalizado

Usos del Vitroblock
Fuente: Elaboración propia
Diseño: Arq. Jorge Marulanda
https://www.facebook.com/Dr-Jorge-Marulanda-165624470175999/

---

[71] DE Cusa, Juan. Revestimientos Y Materiales Cerámicos. Ediciones Ceac

Estado vítreo

Estado intermedio entre sólido y líquido. También es el de un fluido con viscosidad inversamente proporcional a la temperatura. A temperatura ambiente tienen apariencia de sólido, pero sin estructura cristalina, por lo que se asemejan a los líquidos en su desorden estructural. Se pensó en crear el estado, pero no ha sido aceptado. A veces se le denomina sólido no cristalino ya que carece de un punto de fusión fijo.

4.3.2.1.1. Composición

• Elementos vitrificantes

El más importante es el óxido de sílice en una proporción del 70-73% que se obtiene de arenas de sílice, tierras de infusión y cuarzo.

• Elementos fundentes

Sirve para rebajar el punto de fusión, disminuye su viscosidad y hay que tener especial cuidado en su porcentaje por que limitan la estabilidad del vidrio. Entre los más destacados fundentes se encuentran los óxidos   alcalinos (óxido de potasio y   sodio) procedentes de los carbonatos.

• Óxidos metálicos

Se utilizan para incorporar propiedades especiales al vidrio.

4.3.2.1.2. Clases de vidrio

• Vidrio de sílice

Es el de mayor calidad. Se obtiene del óxido de silicio. Tiene el inconveniente de que en su fabricación se necesitan temperaturas superiores a 1700°C (excesivamente altas), por lo que resulta muy cara. Además tiene un corto margen entre la temperatura de reblandecimiento y la de fusión, por lo que es difícil de trabajar.

- **Vidrio soluble**

Se agregan al vidrio óxidos alcalinos reduciendo el punto de fusión a la mitad aproximadamente, debido a lo cual se obtiene un mayor intervalo entre la temperatura de reblandecimiento y fusión. Tiene el gran inconveniente de que es soluble en agua. Se emplea en pinturas.

- **Vidrio de cal**

Incorpora estabilizantes, normalmente cal. Tiene las mismas ventajas que el vidrio soluble pero además elimina la solubilidad.

- **Vidrio de borosilicato**

Se sustituyen los óxidos alcalinos por óxido de boro dándole características especiales como poca sensibilidad a los ataques químicos.

Vidrio Templado: obtenido en hornos especiales mediante pretensado por calentamiento seguido de enfriamiento brusco de las piezas de vidrio plano cortadas a la forma y el tamaño deseados.

Fuente: http://vidriosvidrios.blogspot.com/2015/05/vidrios-y-sus-caracteristicas.html

4.3.2.1.3. Propiedades

- **Físico mecánicas**

Densidad de 2.5 kg/cm^3. Dureza de 6.5. Resistencia característica de 10.000 kp/cm^2. Resistencia a flexión de 400 kp/cm^2. Si se templa, las características aumentan de 3 a 5 veces. Tensión de trabajo en acristalamientos verticales de 200 kp/cm^2, templado de 500 kp/cm^2 y armado de 150 kp/cm^2. Tensión de trabajo en acristalamientos horizontales de 100 kp/cm^2, templado de 250 kp/cm^2 y armado de 80 kp/cm^2.

- **Químicas**

Resisten prácticamente a todas las reacciones menos a silicatos alcalinos y fosfatos. A veces, para aumentar esa resistencia, se descalcifica la superficie, bien con un tratamiento químico o cubriéndolo al fuego.

4.3.2.1.4. Preparación

Se trituran todas las materias primas para homogeneizar y proporcionar bien según el tipo de vidrio que queramos obtener.

- Hornos

El horno realiza tres funciones principales:

1. **Fusión.** Para obtener las materias primas que posteriormente se convertirán en vidrio con propiedades uniformes, en primer lugar, se funden los compuestos alcalinos y luego la cal. A medida que se funde la sílice, la masa va perdiendo viscosidad. Los carbonatos y sulfatos desprenden gases, hacen borbotear la masa y contribuyen a homogeneizarle.

2. **Afino.** A 1250°C consideramos terminada la fusión, elevamos la temperatura, disminuye la viscosidad y se eliminan rápidamente las burbujas. Actualmente, se utiliza una tubería en el fondo para insuflar gases.

3. **Enfriamiento.** Se hace lentamente teniendo en cuenta que el moldeado sólo puede hacerse a cierto intervalo de temperatura denominada temperatura de trabajo.

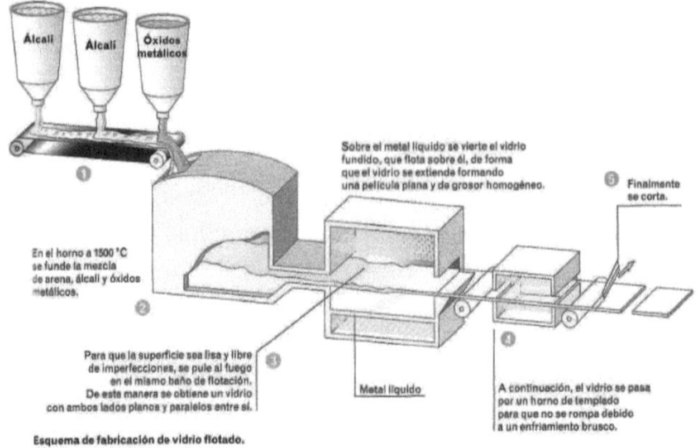

Fabricación del vidrio
Fuente: https://sites.google.com/site/dedetpvidriospinturas/fa

Existen dos tipos de hornos:

- Intermitentes.

Pueden ser de crisoles que tienen la ventaja de poder fabricar diferentes vidrios y de balsa (en una sola superficie).

- Continuos.

Son parecidos a los de balsa. Mantenemos un nivel constante, por un lado se alimenta y por otro se extrae. Suelen tener una sección de refino, de gran producción, generalmente revestidos con refractario, de combustibles gaseosos y líquidos. Llevan instaladas cámaras recuperadoras y se les suele llamar hornos de cuba. También existen hornos eléctricos que utilizan el efecto "Voule"; en estado líquido se vuelve conductor de la electricidad y esta corriente eléctrica se conduce mediante unos electrodos.

- **Sistemas de moldeo y fabricación**

Soplado

Se realiza en dos fases: en una primera fase, se toma una porción de vidrio en estado pastoso y en la segunda, se le da forma. Para obtener vidrios planos se fabrica una gran ampolla y posteriormente se aplana.

Estirado

Se consiguen vidrios planos de superficies y espesores casi perfectos. Se extraen verticalmente a partir de baños de vidrio fundido, obteniendo una lámina rectangular continua que al salir y enfriarse se corta a la medida necesitada. El estirado tiene varios sistemas:

Sistema Colburn-Libbery Owens

Está ideado por Colburn y explotado por industrias Libbery Owens. La lámina nace directamente de la superficie del vidrio fundido, dos parejas de pequeños rodillos dentados refrigerados por agua elevan la lámina, se elimina el calor pasando a pantallas refrigeradas, pasa por un rodillo plegador que dobla al vidrio en ángulo recto y prosigue horizontalmente enfriándose lentamente. La velocidad de enfriado es inversamente proporcional al espesor que se quiera. Actualmente se emplea poco.

Sistema Fourcault

La lámina aparece por una rendija parcialmente sumergida de una pieza de material refractario llamado distribuidor. Debido a la presión del vidrio, penetra en la rendija, asciende y se inicia el estirado por un bastidor metálico que se sumerge en el vidrio. Se enfría lentamente. El avance vertical se hace por medio de unos rodillos y posteriormente se corta manual o mecánicamente la hoja. El espesor se consigue variando la velocidad de enfriamiento.

Sistema Pittsburgh

Análogo al Fourcault pero sin distribuidor. Existe una pieza refractaria sumergida llamada barra de estirado, que protege la hoja en su iniciación y permite más temperatura. Al salir del baño pasa a unos refrigeradores metálicos.

Colado

Se vierte el vidrio en moldes. Por su viscosidad, a veces no rellena los huecos, por lo que se somete a presión con un rodillo que a la vez extiende el material.

Laminado

Se alimenta el horno a nivel constante y cuando desborda la boca de salida se va evacuando vidrio fundido que al pasar por dos rodillos laminadores toma la forma de hoja continua que se enfría cuidadosamente para evitar tensiones. Después, se procede a la realización de los diferentes tratamientos del vidrio (pulido, cortado, embellecido, etc.). En general es el método empleado para vidrios armados o sin armar (impresos). Los vidrios impresos son translúcidos pudiendo llevar los rodillos grabados algún tipo de dibujo. Los vidrios armados llevan una malla metálica generalmente cuadriculada que se introduce en la hoja de vidrio en el proceso de laminación.

Flotado

Al salir del horno se vierte en una cuba. Esta cuba lleva unos registros que nos determinan el caudal de masa de vidrio que caerá sobre un baño de estaño extendiéndose en la superficie. Debido a su densidad, el vidrio flota y cuando se ha obtenido el espesor deseado se interrumpe la salida y se deja enfriar lentamente. Para que en toda la masa haya la misma temperatura, la parte superior se calienta por cualquier procedimiento. Las hojas de vidrio obtenidas son totalmente uniformes en cuanto al espesor y paralelismo entre sus dos caras y libre de cualquier tipo de imperfección como las burbujas. La lámina obtenida se somete a un recocido para eliminar tensiones. Finalmente se corta con las medidas deseadas. Es el procedimiento idóneo para vidrios transparentes.

Prensado

Se llaman moldeados a piezas de vidrio obtenidas por prensado en moldes especiales. Existen los moldes dobles, formados por dos independientes soldados entre sí y los sencillos de un solo elemento.

Fabricación de fibra de vidrio

Generalmente se emplea vidrio de borosilicato y cal, así que por lo tanto carece de álcalis. Se obtienen por aire comprimido sobre boquillas de diferentes formas por las que sale el vidrio. A veces se enrollan sobre unas bobinas. Generalmente se impregnan de materias resinosas que sirven para aglomerar los filamentos, dando resistencias suficientes para admitir esfuerzos.

4.3.2.1.5. Tratamiento de los vidrios
• Recocido

Al fundir las materias primas en el horno y al salir de éste, se deben someter a ciertos tratamientos generalmente de carácter térmico. El recocido se realiza para eliminar o repartir tensiones. Consiste en elevar la temperatura del vidrio hasta casi el reblandecimiento y dejarla enfriar lentamente. Actualmente, se hace de forma continua sobre unas cintas transportadoras. Posteriormente, deben sufrir controles de calidad en los que se eliminan los que tengan defectos superficiales de acabados, de fusión (que pudiera quedar sin fundir algún material), ondulaciones o burbujas.

* **Temple**

Después de realizar el recocido, el vidrio se somete a un calentamiento que llega a los 700°C y un rápido enfriamiento que le confiere propiedades notables. La propiedad más característica es que al romperse se fragmenta en trozos pequeños.

Las lunas se cuelgan de un soporte por medio de unas pinzas. De esta forma, se introduce en el horno donde se produce el calentamiento. Por último, se suele enfriar por medio de aire para que éste resulte brusco. Aumenta considerablemente sus resistencias mecánicas. Si quisiéramos una luna curvada, al salir del horno se prensa sobre un soporte generalmente de madera forrada con fibra de vidrio tomando la forma deseada. Finalmente se enfría lentamente. Una vez templado no se puede taladrar.

Fachada de Vidrio Templado
Fuente: http://paco-materiales.blogspot.com/2011/06/vidrio-templado.html

Acabados

- **Desbastado**

Se realiza en las lunas. Se puede hacer por una o ambas caras. El abrasivo utilizado es arena húmeda. Resultan lunas no transparentes.

- **Pulido**

Se realiza con elementos de fieltro y abrasivos muy finos (óxido de hierro).

- **Decorado**

De trata de convertir todo o parte del vidrio transparente en vidrio translúcido. Se puede realizar con chorro de arena o similar obteniendo grabados, esmerilados y tallados (estrías y rebajes).

- **Mateado**

Se puede realizar en una o ambas caras. Pasa de vidrio transparente a vidrio translúcido. Se realiza atacando la superficie con ácido clorhídrico. También se puede realizar proyectando polvo de corindón.

- **Espejos**

Se recubre una de las caras con una disolución amoniacal de nitrato de plata (afogue). Estas caras se protegen con una pintura anticorrosiva. Finalmente se pueden pintar decorativamente.

- **Muescas y taladros**

Trabajos que se realizan en los vidrios en función de su aplicación.

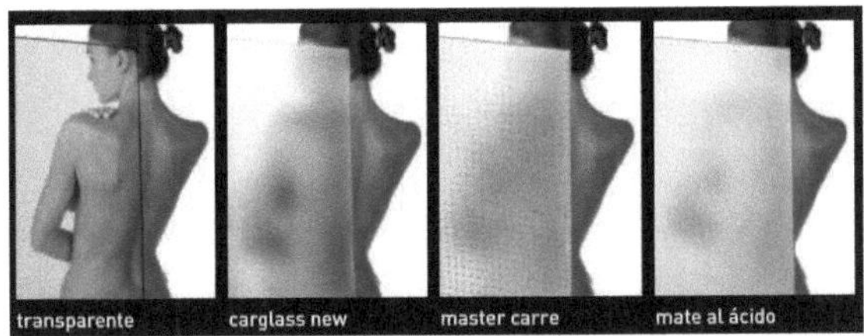

Acabados en Vidrio
Fuente: https://www.akumia.es/abatibles-banera/44200003-gs2-mampara-de-banera-abatible-pivot-eyre-ii-ancho-hasta-160-cm.html

4.3.2.2. Tejas

Pieza de barro cocido, de forma acanalada, que se usa para cubrir y resguardar los techos, armaduras o cubiertas de los edificios. Para fabricarlas, cualquiera que sea su clase, se amasa la arcilla formando láminas delgadas que luego prensan y moldean para ser cocidas finalmente, en los hornos o tejares, en un proceso semejante a la fabricación del ladrillo. Se les puede dar un acabado, tornando suave y brillante su superficie.

También existen tejas decorativas, con las cuales puede lograrse bonitos efectos artísticos. Las tejas se clasifican en curvas o planas. Las curvas pueden ser árabes y flamencas. Las árabes son acanaladas y las flamencas tienen sección en forma S. Estas deben ser impermeables, resistentes y de sonido claro al chocarlas.

4.3.2.2.1. Ventajas de las tejas

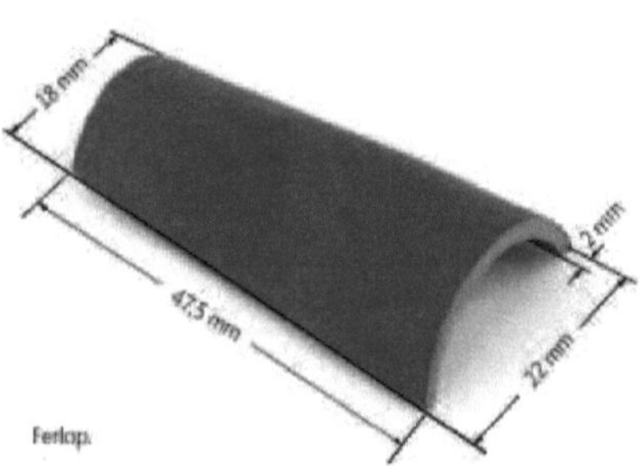

Fuente: http://lacasitadeferlop.blogspot.com/2015/07/tutorial-tejas-arabes.html

1. Buena resistencia y durabilidad que confiere el material, además un diseño que le otorga distinción a su techo, haciéndolo atractivo estéticamente. Pero sin perder solidez.

2. Se puede encontrar en el mercado una gran variedad de colores.

3. Son impermeables, resisten a impactos, facilitan la aislación térmica y acústica.

4. Se evitan los gastos que acarrean la losa, membranas y otros elementos, que día a día tienen que ir perfeccionándose para evitar las filtraciones, el frío y el calor.

El color rojo de las tejas se obtiene por el óxido de hierro que contiene. La teja de color negro se obtiene por retirar el óxido de hierro de la arcilla, y se agrega manganeso. Las de color verde, se obtienen porque se le agrega cobre a la masa.

Tejas de Barro
Fuente: https://www.solostocks.com.mx/venta-productos/materiales-construccion/tejas/tejas-de-barro-1666453

Colocación de la Teja de Barro.
Fuente: https://www.grupoart.es/prevenir-danos-causados-por-las-lluvias/

Techos con Teja de Barro
Fuente: https://nemco.com.do/productos/teja-barro

4.3.2.3. Baldosas

Son ladrillos delgados, pulimentados, finos y duros que sirven para pavimentar patios, aceras y azoteas o recubrir techos. Se fabrican con arcilla más pura y de tratamiento más delicado, a excepción de esto el proceso es igual al ladrillo. Muchas veces se les aplica barniz o esmalte y se deja una cara áspera, con el fin de lograr mejor adherencia con los morteros.

Las baldosas de barro cocido, en los siglos X y XI, se adornaban con dibujos geométricos, heráldicos o históricos. Generalmente son cuadradas, rectangulares o hexagonales.

Baldosas de cemento rusticas de 40x40, para ingresos vehiculares, peatonales y veredas. usos interior y exterior.
Fuente: https://www.clasf.com.ar/baldosas-de-cemento-rusticas-de-40x40-341-15-5054110-en-argentina-6066605/

Baldosa de Barro
Fuente: http://www.artemar-envejecidos.com/detalle_producto/316/linea-barro-manual-azulejo-esmaltado-ref-blanco-roto.html

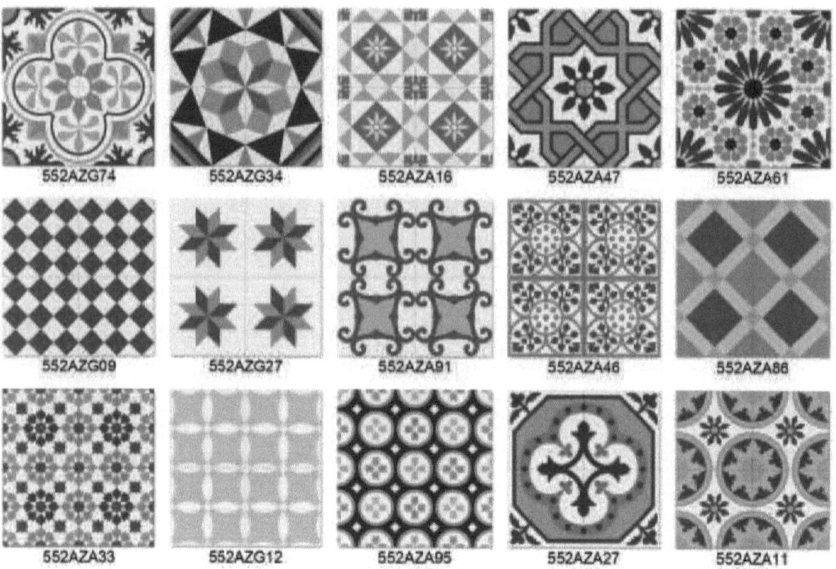

Baldosas Hidráulicas
Fuente: http://www.azzulech.com/AZZULECH/CATALOGO_BALDOSAS_HIDRAULICAS.html

4.3.2.4. Tubos

Pieza hueca, generalmente cilíndrica y abierta por ambos extremos, que se utiliza como medio de conducción. Fabricados de arcilla, por el mismo proceso que el ladrillo, que son vitrificados para la conducción del agua, con el objetivo de obtener mejor impermeabilidad. Se aplican generalmente en aguas negras, aunque estos han sido sustituidos por los de PVC.

Fuente: http://www.arcillasamaya.com/

Para la conducción de gases es relegada a la ventilación de los aparatos sanitarios y salida de humo. Además de estas funciones y usos, se fabrican piezas especiales con los tubos cerámicos, como son: codos, reducciones, tubos en forma T y en forma Y.

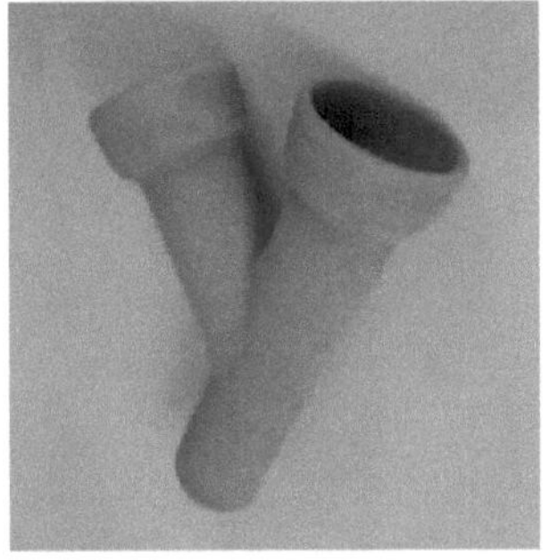

Bajante
Fuente: http://www.estecha.com/infer.asp?ac=101&trabajo=listar&pa=canales-tubos

4.3.2.5. Azulejos

Son ladrillos pequeños, vidriados y de varios colores, llevando en una cara esmalte y en la otra mate, que es la cara que facilita la adhesión. Su mayor aplicación es el revestimiento de baños y cocinas. Estos deben ser de fácil adherencia, uniformes en sus dimensiones y colores y carentes de grietas.

Fuente: Elaboración propia
Diseño: Arq. Jorge Marulanda
https://www.facebook.com/Dr-Jorge-Marulanda-165624470175999/

Azulejos de colores
Fuente:
https://articulo.mercadolibre.com.uy/MLU-444168363-azulejos-de-ceramica-de-colores-baldosas-15x15-para-mosaico-_JM

4.3.2.6. Porcelana

Son una loza fina y transparente, cuya pasta se compone de caolín y feldespato. Se diferencian de los demás productos cerámicos, por su transparencia y vitrificación. Se obtiene cociendo una arcilla blanca especial, llamada caolín, que proviene de la descomposición del feldespato.

Cuidadosamente, lavado y purificado, el caolín se moldea en un torno especial o en moldes antes de someterlo a una primera cochura. Luego se le aplica un esmalte particular y finalmente sufre la verdadera cochura, en hornos capaces de producir una temperatura muy elevada.

Las materias primas para la fabricación de la porcelana son: el caolín,
que es un silicato de alúmina no fusible, y el petuntse, que es un feldespato
fusible que contiene silicato de alúmina combinado con potasa, sosa, cal y
bario.

4.3.2.6.1. Tipos de porcelana

La porcelana se divide en tres grupos: natural, artificial y fosfárica o de hueso.

• **La natural,** que también suele llamarse de pasta dura, está hecha de caolín
y petuntse. El caolín no es fusible a ninguna temperatura, mientras que el
petuntse, que contiene feldespato, silicato de alúmina y potasa a veces sosa,
si es fusible. La fusión de éste produce una sustancia vítrea que mantiene el
caolín compacto y hace a la porcelana dura, traslúcida y vidriosa. El lustre es
la sustancia cristalina con la cual es bañada la pasta.

Esta se distingue por su blancura, dureza y completa vitrificación. Es tan
dura que no puede ser rayada por el acero y los fluidos impregnantes ordinarios
no la penetran.

• **La porcelana artificial o porcelana blanda,** fue obtenida de varias
combinaciones de arcilla blanca con un silicato
fusionable, o bien mezcla de vidrio, arena o
porcelana rota. Esta no es tan blanca, el acero la raya
y absorbe rápidamente aquellos fluidos.

Azulejos de Porcelana
Fuente: https://www.arqhys.com/construccion/azulejos-
porcelana.html

Lavamanos de Porcelana
Fuente: http://www.materialsmiquel.com/es/7-productos/1-banos-y-complementos/5-lavabos-de-porcelana.html

Muebles de Baño de Porcelana
Fuente:
http://www.lacasadelaconstruccion.es/materiales-construccion.php?producto=19487

Piso de Porcelana
Fuente: https://www.miconstruguia.com/como-instalar-losas-de-porcelana-en-pisos/

4.3.3. Productos manufacturados[72]

4.3.3.1. Pisos

4.3.3.1.1. Pisos blandos

Los pisos blandos se caracterizan por encontrarse en espacios interiores.

• **Vinilos:** estos pisos son generalmente aislantes de la electricidad, no son inflamables a pesar de ser derivados del petróleo; normalmente son de tráfico liviano y se instalan con pegante a una superficie lisa para evitar hendiduras o turupes; vienen de 1 a 3 mm de espesor y este depende del tráfico al que se vayan a someter. Las ventajas de este piso
son las diversas texturas y tamaños, además de ser aislantes eléctricos y estáticos

Pisos de vinilo
Fuente:
https://www.teleadhesivo.com/blog/pisos-de-vinilo/

---

[72] CALEB, Hornbostel. Materiales para construcción. México: Limusa Noriega editores, 1999.

• **Alfombras:** se clasifican en dos grupos, las de polipropileno y las de nylon. Las de polipropileno son generalmente de tráfico pesado y vienen argolladas, normalmente el color viene de su fibra, se utilizan en bancos y oficinas en general. Las de nylon son para trabajo liviano y pesado pero a diferencia de las primeras, se cortan y el color se le puede dar al gusto del cliente; también vienen argolladas y unas son de mayor espesor que otras ("altura de fibra" y densidad de esta por cm^3), lo que trae consigo una mayor duración.

Fuente: https://tinteo.es/producto/alfombras/

Fuente: http://www.vidafloor.com.mx/alfombras.html

• **Pisos de Madera:** estos pisos son de maderas especiales y se clasifican en dos: artesanal e industrial.

- **Artesanal:** vienen para ser instalados por tablas sobre listones que soportan la madera. Su instalación se hace incrustando tablón por tablón y asegurándolos con puntillas.

- **Industrial:** estos pisos vienen listos para ser instalados sobre superficies lisas ya que son traídos de fábrica en forma estándar.

Fuente: https://www.armstrongflooring.com/commercial/es-pa/products/commercial-hardwood.html

Fuente: http://www.revista.ferrepat.com/sin-categoria/como-lograr-una-perfecta-reparacion-de-pisos-de-madera/

4.3.3.1.2. Pisos duros

A diferencia de los pisos blandos, los duros se usan tanto en interiores como en espacios exteriores por su mayor resistencia.

• **Mármol:** esta es una piedra sacada de las diversas montañas del mundo, su clase y nombre dependen de la región de donde se extraen, por ejemplo, el verde huila. En nuestro país se clasifican en tres tipos: travertino, mármol y granito. El travertino es un piso poroso y bello a la vista que se utiliza normalmente para tráfico pesado.

El mármol es de tráfico medio muy bonito a la vista, normalmente brillante y que se puede pulir para reconstruir su brillo. El granito es una roca muy densa, bastante dura y perfecta para maniobrar en lugares donde se manejan ácidos y sustancias químicamente similares; es para tráfico pesado. Las diferencias entre los distintos mármoles son las vetas, los colores y los precios; el mármol negro es el más caro mientras los de tonos claros tienden a ser más económicos. El mármol se saca de la montaña en forma de bloque, se pule y de una vez es cortado en tiras a la medida necesaria.

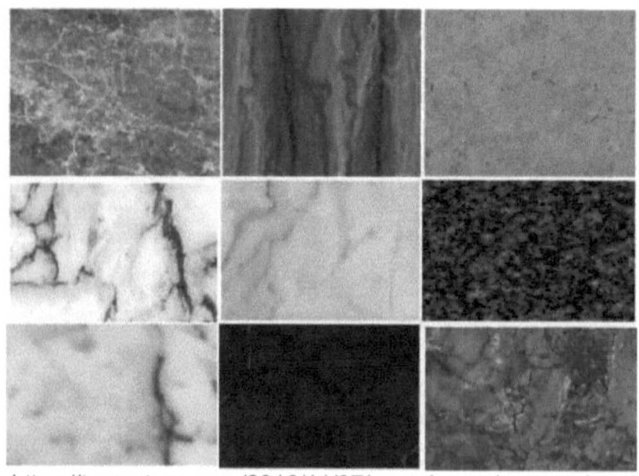

Tipos de Mármol
Fuente:
https://tamastone.com/2016/11/07/ventajas-y-desventajas-de-usar-marmol-en-tu-casa/

•**Piedra:** este es un material natural que viene en colores claros. Se utiliza pulida y sin pulir y se caracteriza por ser porosa. Su instalación se hace con mortero (cemento) en su superficie inferior sobre una superficie corrugada, es ideal en exteriores ya que resiste la erosión y no se descompone con facilidad.

Fuente: https://instalacionpisosenpiedra.wordpress.com/

•**Cerámica:** Las cerámicas están hechas de arcilla cubierta con una capa de esmalte de uno y medio mm de espesor en una de sus superficies, es de tráfico liviano, frágil y se puede conseguir en diversos tamaños; se instala sobre una superficie lisa para que no se quiebre, sin embargo, su durabilidad no es tan grande.

Fuente: https://www.como-limpiar.com/como-limpiar-pisos-de-ceramica/

• **Granito:** el granito es una roca de grano grueso, mediano o fino que se puede usar en varias etapas de una construcción, tales como cimientos (tamaños medianos), en concretos (machacado) y en pavimentos (grandes fragmentos) al igual que en adoquines.

Fuente: http://www.arquitecturadecasas.info/el-piso-de-granito/

• **Vibro prensados:** Esta es una mezcla de varios materiales que dan una característica especial al piso de acuerdo a los que se usen. En los fundidos en sitio usualmente se utiliza el retal de mármol o granito; este se funde en los pisos instalados con una mezcla de marmolina y cemento blanco. Después de secado es pulido hasta que el mármol dé el brillo que da por su naturaleza. Otro es la gravilla pulida, que son piedras de tipo muy similar, que en su instalación y fundición se mezclan con cemento gris y luego de secadas se barren y cepillan hasta logar la textura requerida.

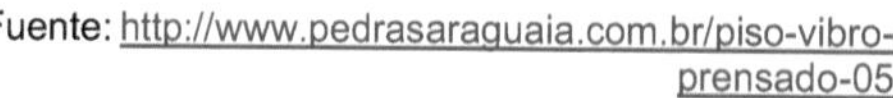

Fuente: http://www.pedrasaraguaia.com.br/piso-vibro-prensado-05

• **Tabletas:** en su fabricación se hacen de manera prensada con los trozos pequeños de mármol sobrante; se mezclan con cemento blanco y se prensan a 40 toneladas de presión, luego se ubican en moldes y son cortados a necesidad del usuario, casi siempre de 2 cm. de grosor. La otra tableta prensada es la de piedra, solo que esta es más pesada y su superficie es en concreto y su espesor es de 3cm.

Fuente: http://www.allanuncios.com.co/equipo-profesional/ciudades-guajira/tablon-cucuta-para-pisos-/41741344

4.3.3.2. Adoquín

El Adoquín es una pieza modular precolada de cemento y arena que se utiliza como piso o pavimento, dándole al constructor una solución práctica y efectiva con las siguientes ventajas: variedad de formas, diferentes resistencias, facilidad de instalación, acceso a redes subterráneas, uso inmediato, combinación de colores, durable y antiderrapante.

Fuente: https://www.pinterest.cl/pin/520517669413582841/?lp=true

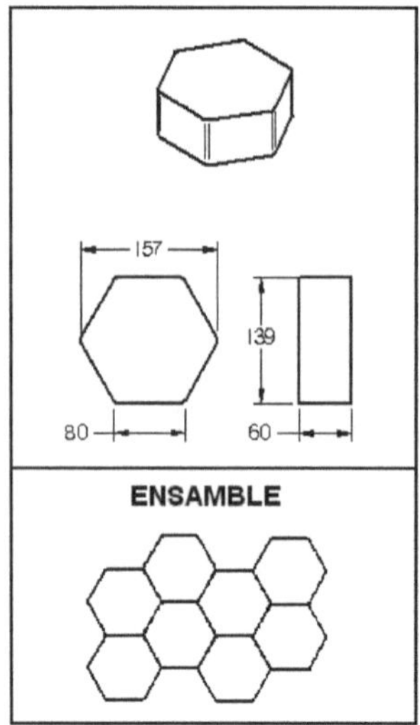

Adoquín hexagonal medidas
Fuente: http://ejemplosmaterialesconstruccion.blogspot.com/2016/05/adoquin-hexagonal-medidas.html

Los adoquines se pueden clasificar en dos grupos: peatonales o de tránsito ligero y de pavimento. Es por ello que primero se deberá considerar:

- o Su tipo de uso.
- o Intensidad de tránsito (Peatonal o vehicular)
- o Su capacidad de carga y la velocidad del tránsito.

Una vez definidos los puntos anteriores, podemos proponer el adoquín más adecuado tomando en cuenta el tipo de colocación, espesor, intención visual, forma del adoquín, resistencia y el color.

Fuente:
https://paginas.seccionamarilla.com.mx/prefabricados-materiales-y-pisos/pisos-de-adoquin/jalisco/zapopan/-/santa-ana-tepetitlan

Para la colocación de adoquines es necesario buscar el apoyo tanto técnico como de calidad. Hay una gran variedad de adoquines; ya que, al combinar formas, espesores, texturas, resistencias y colores, se pueden obtener más de 600 opciones para satisfacer cualquier requerimiento por especial que este sea.

Ventajas

Los pavimentos de adoquines poseen unas características particulares que se traducen en ventajas, sobre los otros tipos de pavimento, en varios aspectos específicos.

Ventajas debidas al proceso de construcción

Los adoquines que conforman la capa de rodadura son elementos prefabricados que llegan listos al lugar de la obra; por lo tanto, su calidad se controla en fábrica.

La construcción de la capa de rodadura involucra, además de la colocación de los adoquines, está el llenado de las juntas y la compactación de la capa terminada. Sin embargo, el de adoquines es un pavimento de muy fácil terminado, donde no intervienen procesos térmicos ni químicos, ni períodos de espera.

Debido a la sencillez del proceso constructivo, toda la estructura del pavimento se puede construir y dar al servicio en un mismo día, por lo cual las interrupciones en el tráfico son mínimas y se logran economías en tiempo, equipos, materiales, costos financieros y sociales; además, como se trabaja con pequeñas zonas a la vez, cualquier área se puede adoquinar por etapas con lo cual no se altera ninguna economía de escala, cosa que sí ocurriría con otros tipos de pavimento; esto resulta especialmente útil para la pavimentación de unas cuantas vías cuando no se dispone de los recursos completos para acometer un plan a gran escala; se puede, por lo tanto, adoquinar en varias etapas, a medida que se vayan produciendo las piezas o se obtengan los recursos. Todos los procesos que intervienen en la construcción son sencillos y requieren de la utilización de poca maquinaria.

Como la labor de colocación de las piezas es fundamentalmente artesanal, se utiliza mano de obra, que, según se organice el proceso constructivo, se puede multiplicar al crear varias frentes de trabajo simultáneamente. Como los adoquines son piezas pequeñas que no están unidas rígidamente unas con otras, el pavimento de adoquines se adapta a cualquier variación en el alineamiento horizontal o vertical de la vía sin necesidad de elaborar juntas de construcción.

Ventajas debidas al manejo del pavimento

La capa de rodadura es quizá el elemento más costoso de cualquier pavimento. Cuando se presenta una falla en los pavimentos o cuando hay que instalar o reparar las redes de servicios que van enterrados por la vía es indispensable retirar, y con esto destruir, las distintas capas del pavimento. Cuando se tiene un pavimento de adoquines la capa de rodadura es recuperable, pues como no van pegados unos con otros se pueden retirar y almacenar ordenadamente para reutilizarlos luego, en el mismo o en otro lugar, para la construcción de un nuevo pavimento. Esta propiedad es la que hace que el pavimento de adoquines sea especial, pues se puede reparar fácilmente y por lo tanto resulta ideal para pavimentar aquellas vías que aún no tengan completas las redes de servicios.

El mantenimiento de los pavimentos de adoquines es muy simple. Además de la reparación de las zonas que por problemas constructivos puedan presentar algún hundimiento, el pavimento de adoquines sólo requiere que se le retire la vegetación que pueda aparecer dentro de las juntas, en aquellas zonas abandonadas o por donde no exista tráfico permanente, y del llenado, mediante barrido de arena fina, de las juntas que se hayan vaciado. Nunca requiere de sobrecapas para mantener un buen nivel de servicio.

Fuente:
https://www.pinterest.com.mx/pin/526428643925436804/?lp=true

Ventajas debidas a su apariencia

Por estar conformado por muchas piezas iguales el pavimento de adoquines induce un cierto sentido de orden en la vía. Además, la existencia de las juntas entre los adoquines elimina la monotonía que presenta la superficie continua de los otros pavimentos.

Fuente: http://www.adoquinesresidenciales.com/

Los adoquines se pueden fabricar de diferentes colores, adicionando colorantes minerales a la mezcla y utilizando cemento gris o cemento blanco. Con algunos adoquines de color diferente al del resto, se pueden incorporar en la superficie del pavimento señales y demarcaciones tan duraderas como éste, pero que a la vez pueden ser removidas fácilmente; se pueden colorear zonas para diferenciar su utilización o incorporar dibujos decorativos

Ventajas relativas a la seguridad

Los pavimentos de adoquines se prestan para incorporar señales, o se pueden colocar en medio de otros pavimentos sirviendo como zonas de aviso para disminución de velocidad o zonas permanentes de velocidad restringida.

Además, por su rugosidad, los pavimentos de adoquines tienen una distancia de frenada menor que otros tipos de pavimentos, lo que se traduce en seguridad tanto para los peatones como para quienes se desplazan en los vehículos.

Ventajas relativas a la durabilidad

La calidad que se le exige a los adoquines de concreto garantiza su durabilidad, de manera que sean resistentes a la abrasión del tráfico de llantas, a la acción de la intemperie y al derrame de combustibles y aceites, lo que los hace ideales para la pavimentación de estacionamientos, estaciones de servicio, patios industriales, etc.

Un adoquín, como tal, tiene una vida casi ilimitada. Aunque la estructura del pavimento puede sufrir algún deterioro después de estar en servicio por 20 o más años, con una reparación menor el pavimento de adoquines puede alcanzar una vida útil de 40 años y los adoquines estar todavía en condiciones de servir por muchos más.

Fuente:

1. http://uy.melinterest.com/articulo/MLU443337730-adoquines-simil-madera-pisos-baldosas-baldosones-pared/
2. https://www.pinterest.com/pin/522558363003062453/

Ventajas relativas al costo de construcción

La construcción de un pavimento de adoquines no requiere de mano de obra especializada. Para la fabricación de los adoquines y para la compactación del pavimento se utiliza maquinaria de la cual existe producción nacional de buena calidad y rendimiento.

Los materiales que se requieren para su construcción se consiguen en cualquier lugar del país y no consumen derivados del petróleo. La competencia con otros tipos de pavimentos, desde el punto de vista de los costos, se debe plantear siempre, entre alternativas equivalentes, para unas determinadas condiciones locales de precios y disponibilidad de materiales y servicios. Nunca se debe generalizar.

El pavimento de adoquines de concreto, en la ciudad, resulta especialmente competitivo en vías de tráfico liviano y medio, donde pueden tener un costo inicial similar o inferior al de un pavimento equivalente de asfalto, aun sin tener en cuenta las ventajas adicionales ya enumeradas para el pavimento de adoquines; en un centro urbano pequeño o en zonas semi-rurales y rurales su costo es por lo general muy inferior al de otros tipos de pavimento.

Toda labor, desde la fabricación de los adoquines hasta el terminado del pavimento, puede incorporar gran cantidad de recursos comunitarios y mano de obra local. Esta hace que sea realmente económica en planes de acción comunal o patrocinada por entidades de fomento.

Limitantes que presentan los pavimentos de adoquines

De la misma manera que con los otros tipos de pavimentos, la estructura del pavimento de adoquines se debe apartar del nivel freático del terreno.

Si la capa de adoquines queda bien colocada, sellada y compactada no debe perder su sello y su estabilidad ante la caída de lluvias, por copiosas que estas sean; pero nunca se debe poner a trabajar un pavimento de adoquines como canal colector de aguas, que pueda llegar a soportar corrientes voluminosas y rápidas tipo "arroyo".

Los pavimentos de adoquines nunca se deben someter a la acción de un chorro de agua a presión. Si esto se hace intencionalmente puede ocasionar la pérdida del sello de las juntas, por lo cual no se recomienda para zonas de lavado de automóviles.

Por estar compuesto por un gran número de piezas, el tráfico sobre un pavimento de adoquines genera más ruido que sobre los otros tipos de pavimentos, e induce mayor vibración al vehículo; por estas razones no es aconsejable para velocidades superiores a los 80 km/hora.

Lo expuesto anteriormente refleja la versatilidad, bondad y economía de la pavimentación con adoquines de concreto. La gran acogida que ha tenido este sistema de pavimentación durante los últimos años en ciudades y poblaciones guatemaltecas y los resultados arrojados por los planes promovidos por diversas entidades, con innegables beneficios socioeconómicos, son ejemplos más que suficientes, sobre los cuales se puede medir el verdadero alcance de la pavimentación de adoquines cono generadora de bienestar para la comunidad.

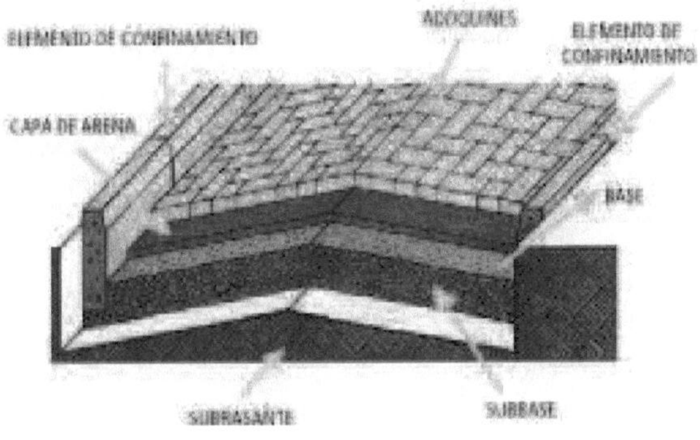

Fuente: http://preconcretos.co/wp-content/uploads/2014/07/fc-pavimentos.pdf

CONCLUSIONES

Es de suma importancia conocer los materiales de construcción con que se cuenta en cada país, así como sus propiedades para una apta aplicación de los mismos considerando las condiciones actuales.

Existen muchos factores que marcaron el uso de los materiales en nuestro país como lo es el clima, la ubicación geográfica de las obras, la región, cultura y los índices socioeconómicos. Todos estos factores deben ser tomados en cuenta al momento de escoger un material de construcción, pues viviendo en un país con tan diversas situaciones, se hace necesario tomar en cuenta muchas variables.

Entre las características que definen la aplicación actual de los materiales de construcción se tiene la resistencia, ya que ésta podrá determinar a qué tipo de estructura se puede aplicar determinado material, el método constructivo a utilizar y el tipo de edificación. Al igual, se pueden mencionar las propiedades acústicas, térmicas y permeabilidad, las cuales serán determinadas por el clima, ubicación geográfica y cultura. Otra característica importante es la durabilidad de los materiales, pues dependiendo de la ubicación de la obra y del clima, el material que se busque utilizar siempre debe procurar que la vida útil de la edificación sea razonable.

Debido a la cultura de nuestros países, existen muchos materiales que por tradición, por características de puesta en obra y facilidad de manipuleo se han venido utilizando por años. El ingeniero del futuro enfrenta el desafío de comprender estos aspectos y las características de dichos materiales para su adecuado uso, relacionando los nuevos métodos constructivos con los materiales y métodos tradicionales del país.

Otro tipo de factores que se deben tomar en cuenta son: la seguridad, aspecto, higiene y comodidad, siendo éstos a considerar siempre, se deben considerar sin importar en que región se vayan a utilizar. Por naturaleza, el ser humano busca su bienestar y la estética, es por esto por lo que los factores antes mencionados juegan un importante papel. Sin ellos, el material no sería lo óptimo para el consumidor final.

Un factor que condiciona y agrupa a todos los anteriores es el económico. Este factor podría llevar a anular cualquiera de los antes mencionados y es por lo que, en su consideración, el ingeniero o constructor juega un papel importante. Se debe buscar un equilibrio frente a todos los factores, pues el fin es optimizar el recurso y lograr, de alguna u otra manera, que se satisfagan todas las necesidades y requerimientos técnicos para los cuales será utilizado el material de construcción.

Como se puede deducir, existen muchas variables que un ingeniero o constructor debe considerar al momento de la aplicación de un material de construcción y es por esto que el estudio detallado de todas las características y propiedades de los materiales se convierte en un tema sumamente importante para el buen desempeño de quien construye. En muchas ocasiones, las variables a considerar por un ingeniero o constructor están ya plasmadas en normas de materiales de construcción por lo que, al momento de la aplicación del material, se deben integrar, tanto los criterios que pueda tener el profesional de la ingeniería como las condiciones del medio antes expuestas con las normas.

RECOMENDACIONES

Luego de concluir con este trabajo, en el cual se describen los materiales de construcción, así como sus características y aplicaciones actuales en nuestros países, no está de más recomendar de manera resumida los aspectos siguientes.

Es conveniente para el mejor entendimiento del profesional de la construcción realizar una recopilación actualizada de las normas de materiales de construcción utilizadas en cada país y, de esta manera, poder integrar la información técnica de las normas con la teoría de los materiales, los métodos constructivos y la cultura.

Es de importancia realizar una investigación que evalúe nuevas y óptimas estructuras a base de materiales de construcción utilizados en nuestros países, como el adobe, bajareque, y otros más. Esto con el fin de formar una idea al profesional de las ventajas y limitaciones, a nivel estructural que pueden tener muchos de los materiales encontrados y que hasta el momento no se les aprovecha al máximo.

Sería de mucho interés y utilidad, un estudio de nuevos métodos de elaboración de los materiales de construcción manufacturados y sus ventajas frente a los métodos tradicionales de fabricación utilizados en nuestros países, ya que, esto daría, no solo al profesional si no que al inversionista, nuevas ideas de tecnificación, mejoramiento y optimización de procesos lo cual llevaría a producir más y mejores materiales de construcción.

Con el fin de crear parámetros de los cuales los profesionales se puedan guiar, es conveniente la creación de especificaciones técnicas, como guía, para normar el uso de los materiales de construcción tomando en cuenta sus propiedades y características así como, también, las condiciones de cada país.

Se deben de tomar las medidas necesarias para controlar y regular el adecuado uso de los materiales y técnicas de construcción, así como prever la protección del medio ambiente, a través de medidas legislativas y técnicas, para la construcción sostenible

GLOSARIO

Alotrópico: Alotropía es la propiedad que poseen determinados elementos químicos de presentarse bajo estructuras moleculares diferentes, como el oxígeno, que puede presentarse como oxígeno atmosférico (O_2) y como ozono (O_3)

Anecoicas: Que es capaz de reflejar las ondas sonoras, sin reflejarlas

Anisotrópicos: La anisotropía es una consecuencia de la estructura interna del mineral. Si carece de organización interna (minerales amorfos)

Cedencia: El esfuerzo de cedencia es una medida práctica del límite de la acción elástica; siempre es mayor que el límite elástico.

Coloidal: (coloide), En un determinado medio sustancias insolubles, como por ejemplo el $Al(OH)_3$ y el SiO_2 (dióxido de silicio) en agua, pueden estar dispersas de modo que el sistema total sea aparentemente una solución. Este estado, el coloide, se consigue en condiciones especiales.

Corrasión: La corrasión es un proceso de erosión mecánica producido por golpes que producen los materiales que transporta un fluido (aire, agua o hielo) sobre una roca sana. La reiteración de los golpes termina por fragmentar tanto la roca sana como el proyectil. El resultado es la abrasión (desgaste por fricción) de la roca y la ablación (cortar, separar y quitar) de los materiales.

Cribado: (Cribar) Separar las partes menudas de las gruesas de una materia

Eflorescencia: Se denominan Eflorescencias a los cristales de sales, generalmente de color blanco, que se depositan en la superficie de ladrillos, tejas y pisos cerámicos o de hormigón

Extrusión: La palabra extrusión proviene del latín "extrudere" que significa forzar un material a través de un orificio. La extrusión consiste en hacer pasar bajo la acción de la presión un material termoplástico a través de un orificio con forma más o menos compleja (hilera), de manera tal, y continua, que el material adquiera una sección transversal igual a la del orificio.

Gelifracción o crioclastia: La gelifracción consiste en la fragmentación de la roca debida a las tensiones que produce la congelación y descongelación del agua en los huecos que presenta la roca. El aumento de volumen que produce el agua congelada sirve de cuña, lo que termina por romper la roca.

Granulometría: Bajo este título general se comprenden todos los métodos para la separación de un suelo en diferentes fracciones, según sus tamaños. De tales métodos se mencionará el cribado por mallas, que es el de mayor interés para la mayoría de los proyectos. La granulometría de un suelo tiene considerable importancia. Las dimensiones de los fragmentos que lo integran son, en parte, la base de la subdivisión en gravas, arenas y arcillas. El tamaño y la uniformidad de la dimensión o selección revelan la competencia y eficiencia del agente de transporte.

Haloclastia La haloclastia consiste en la fragmentación de la roca debida a las tensiones que provoca el aumento de volumen que se producen en los cristales salinos. Estos se forman cuando se evapora el agua en las que están disueltas.

Heladicidad: En resistencia de materiales la heladicidad de un material poroso se define como la capacidad de este para resistir ciclos sucesivos de congelamiento / descongelamiento al estar totalmente impregnado con agua.

Hidroclastia: La hidroclastia consiste en la fragmentación de la roca debida a las tensiones que produce el aumento y reducción de volumen de determinadas rocas cuando se empapan y se secan. Normalmente, en este mecanismo la arcilla tiene una importancia decisiva.

Indentación : Muesca, escotadura o depresión en un borde.

Isotrópicos: Dícese del material que posee las mismas propiedades físicas en todas las direcciones. También llamado isótropo.

Meteorización: en geología, es el proceso de desintegración física y química de los materiales sólidos en o cerca de la superficie de la Tierra, bajo la acción de los agentes atmosféricos.

Planeidad: Conformidad de la superficie de una capa de revestimiento de suelo con un plano teórico, dentro de unas tolerancias admisibles.

Policristalinos: Refiriéndose a los materiales cristalinos que se componen de más de un cristal o grano.

Polimorfo: adj. quím. Que puede tener varias formas sin cambiar su naturaleza.

Termoclastia: La termoclastia consiste en la fragmentación de la roca debida a los cambios de temperatura bruscos. Las dilataciones y las contracciones producidas por los cambios de temperatura producen tensiones en las rocas que terminan por romperla.

REFERENCIAS BIBLIOGRÁFICAS

1. FUENTES Huette Carlos Eduardo, **Materiales de construcción en Guatemala y su aplicación Actual,** , Universidad de San Carlos, Guatemala 2006

2. AGUILAR Sahagun, Guillermo. **El hombre y los materiales** (de la serie la Ciencia para Todos). México: Fondo de Cultura Económica, 1997.

3. ANDRADE, Rodrigo, comp; Luna, Mercy, comp. **Informe final del Encuentro Regional Desastres Naturales y Planificación de los Asentamientos Humanos.** Quito, EC, 1989.

4. ASKELAND, Donald D. **La Ciencia e Ingeniería de Materiales.** Edición 3. Editorial Ibero.

5. BARBARA Zatina, Fernando. **Materiales y Procedimientos de Construcción.** Editorial Herrero. S.A, México 1982.

6. BENNETT, R. H. & Hulbert, M. H. **Clay Microstructure.** Published by D. Reidel Publishing Company, 1986.

7. BOLGER,R..**Industrial Minerals in Pharmaceuticals.** Industrial Minerals, 1995.

8. BRESCIA, Frank y otros. **Química.** Nueva Editorial Interamericana S.A., México D.F, 1977.

9. CAILLIERE, S.; Hénin, S.; Rautureau, M.. **Minéralogie des argiles.** Ed. Mason, 1982.

10. CALEB, Hornbostel. **Materiales para construcción.** México: Limusa Noriega editores, 1999.

11. CELDRÁN, Pancracio. **Historia de las cosas.** Madrid: Ediciones del Prado, 1995.

12. DAVIS, Harmer E.. Et. Al **Ensaye e inspección de los materiales en Ingeniería.** Traducción: Juan Moreno Cruz. México. CECSA, 1976.

13. DE Buen, Oscar. **Estructuras De Acero**. Ed. Limusa, 1998.

14. DE Cusa, Juan. **Revestimientos Y Materiales Cerámicos.** Ediciones Ceac.

15. DOVAL Montoya, M. (1990). **Bentonitas.** Textos Universitarios (C.S.I.C.), 1990.

16. DOVAL Montoya, M. García Romero, E., Luque Del Villar, J., Martin-Vivaldi Caballero, J. L. Y Rodas Gonzalez, M.. **Arcillas Industriales: Yacimientos y Aplicaciones.** Editorial Centro de Estudios Ramon Areces, S. A. Madrid, 1991.

17. DOWGLING, Norman E.. **Mechanical Behaviour of Materials.** Prentice Hall, 1993.

18. **ECOSUR.** http://www.ecosur.org/content/view/254/249/ . 2005.

19. **El Hombre y los Materiales.**
http://omega.ilce.edu.mx:3000/sites/ciencia/volumen2/ciencia3/069/htm/elhom
bre.htm . 1998.

20. **ENCICLOPEDIA de las Ciencias.** México: Editorial Cumbre S.A., 1987.

21. ENSEÑANZA **Práctica en la Construcción de la Vivienda**; Editorial Piedra Santa,
Guatemala, 1976.

22. FAUNDEZ, Daniel y LUNA, Paloma. **Estudio Teórico - Experimental de las
Propiedades de los Morteros de Junta para Albañilería.** Universidad de Santiago
de Chile, 2002.

23. FIGUERAS, F. **"Pillared Clays as Catalysis"**. Catal. Rev. Sci., 1988.

24. FOUSTER, Juan y otros. **Química.** Universidad Nacional Abierta. Estudios
Profesionales I. Ingeniería Industrial. Impresos Urbina. Caracas. Venezuela, 1985.

25. GALAN Huertos, E.. Palygorskita y sepiolita. **Textos Universitarios** (C.S.I.C.) 1990.

26. GANDARA Gaborit, José Luis. **Estrategias de planificación de los
asentamientos humanos en caso de desastres naturales**. México, D.F,
México, 1991.

27. GORCHACOB, G.I. **Materiales de Construcción.** Editorial Mir., Moscú, Rusia.

28. HIDALGO López, Oscar. **Manual de construcción con bambú.** Estudios
técnicos colombianos, 1981.

29. IMCA A. C. . **Manual De Construcción.** Ed. Limusa.

30. IXCOLIN Oroxom, Carlos Armando. Tesis "Estado actual del bamboo como material
de construcción en Guatemala". USAC, 1,999.

31. JANG, B.Z. **Composición Avanzada de Polímeros**. 1994.

32. JOHNSTON, Bruce. **Diseño Básico De Estructuras De Acero.** Ed. Prentice Hall.

33. LAN Huertos, E. **"Arcillas"** Textos Universitarios (C.S.I.C.), 1990.

34. LUNGO, Mario, comp. **Riesgos urbanos.** San Salvador, SV, 2002.

35. MC CORMAC, Jack. **Estructuras De Acero Método LRFD.** Ed. Alfaomega, 1995.

36. McCLURE ,F.A.. El **bambú como material de construcción.** Colombia, 1966.

37. MCCORMAC, Jack. **Diseño de Estructuras Metálicas.** Editorial Alfaomega.

38. **METALIA   (La   Web   Profesional   de   la   Industria   Metalúrgica)** http://www.metalia.es/quees.asp. 2005.

39. MINKE, Gernot. **Construction manual for earthquake resistant houses built of earth.** Kassel, DE, 2001.

40. MOAS, Manuel. **Manual para la construcción de viviendas de un piso con bloques de concreto.** San José, CR, 1993.

41. MORALES,   Ing.   Jorge   Mario.   **"Materiales   de   Construcción",** USAC,Guatemala.

42. ODIAN, George. **Principios de Polimerización.** 1991.

43. PRADO, Zoemia. **Asentamientos humanos temporales y definitivos.** Guatemala, GT.

44. RODRÍGUEZ Peña, Delfino. **Diseño Práctico de Estructuras de Acero.** Ed. Limusa, 2000.

45. SCHACKELFORD, James F. **Introduction to Materials Science for Engineers.** Fourth Edition, Pretice Hall, 1996.

46. SERVICIO Nacional de Aprendizaje (SENA). **Construcciones menores sismo resistentes: Manual técnico de capacitación.** Bogotá, CO.

47. SERVICIO Nacional de Aprendizaje (SENA). **Construcciones sismo-resistentes: Manual para instructores.** Popayán, CO.

48. SMITH, Charles O.. **The Science of Engineering Materials.** Third edition, Prentice Hall, 1986.

49. SORIA, Ramiro. **Asentamientos humanos temporales y definitivos.** Guatemala, GT.

50. VAN VLACK, Lawrence H.. **Materiales para Ingeniería.** Cía Editorial Continental S.A.

ANEXOS

TABLA No. 6

DATOS PARA DISEÑO DE MEZCLAS (Calculados para 1 m3 de concreto fresco)*

Resistencia media requerida a los 28 días		Tamaño máximo del agregado		Concentración de pasta		Agua en litros para los distintos asentamientos indicados en cm.				% de agregado fino Vol. Abs./Agr. Total M.F.			% aire M.F.		
Kg./cm2	lb/plg2	mm.	plg	W/C	C/W	0 a 2	2 a 5	5 a 10	10 a 15	2.2 - 2.6	2.6 - 2.9	2.9 - 3.2	2.2 - 2.6	2.6 - 2.9	2.9 - 3.2
140	2,000	19.1	3/4	0.65	1.54	165	175	186	197	47	49	51	4.8	4.9	5
		25.4	1	0.65	1.54	157	165	173	181	44	46	48	4.4	4.5	4.6
		38.1	1 1/2	0.65	1.54	154	160	166	193	42	44	46	4	4.1	4.2
175	2,500	19.1	3/4	0.60	1.67	165	175	186	197	45	47	49	4.3	4.4	4.5
		25.4	1	0.60	1.67	157	165	173	181	42	44	46	3.7	3.8	3.9
		37.1	1 1/2	0.60	1.67	154	160	166	193	40	42	44	3.3	3.4	3.5
210	3,000	19.1	3/4	0.56	1.79	164	171	184	195	44	46	48	3.6	3.7	3.8
		25.4	1	0.56	1.79	156	164	172	180	41	43	45	3	3.1	3.2
		38.1	1 1/2	0.56	1.79	154	160	166	191	39	41	43	2.6	2.7	2.8
246	3,500	19.1	3/4	0.52	1.92	164	174	184	195	42	44	46	3.1	3.2	3.3
		25.4	1	0.52	1.92	156	164	172	180	39	41	43	2.3	2.4	2.5
		38.1	1 1/2	0.52	1.92	154	160	166	191	37	39	41	1.9	2	2.1
281	4,000	19.1	3/4	0.49	2.04	162	172	182	193	40	42	44	2.6	2.7	2.8
		25.4	1	0.49	2.04	155	163	171	179	37	39	41	2	2.1	2.2
		38.1	1 1/2	0.49	2.04	154	160	166	189	35	37	39	1.6	1.7	1.8
316	4,500	19.1	3/4	0.46	2.17	162	172	182	193	38	40	42	2.4	2.5	2.6
		25.4	1	0.46	2.17	155	163	171	179	35	37	39	1.7	1.8	1.9
		38.1	1 1/2	0.46	2.17	154	160	166	189	33	35	37	1.4	1.5	1.6

CORRECIONES DE VALORES PARA OTRAS CONDICIONES

Uso de piedrín	Uso de arena triturada	Uso de agentes adicionados
+ 10 kg. Agua	+ 5 kg. Agua	Al usar atrapador de aire u otro agente adicionao al concreto, deberá hacerse correcciones a los datos de la tabla y deberá consultarse al laboratorio.
+ 2.5 % agregado fino	2.2 % arena	
+ 0.5 % de aire		

*Tomando de referencia No. 6

136 - B

Numero de muestras menos 1 **	PORCENTAJE DE PRUEBAS QUE CAEN DENTRO DE LOS LIMITES X - 1							
	50	60	70	80	90	95	98	99
	PROBABILIDADES DE CAER BAJO EL LIMITE INFERIOR							
	2.5 en 10	2 en 10	1.5 en10	1 en 10	1 en 20	1 en 40	1 en 100	1 en 200
1	1.000	1.376	1.9630	3.0780	6.3140	12.70600	31.821	63.657
2	0.816	1.061	1.3860	1.8860	2.9200	4.30300	6.965	9.925
3	0.765	0.978	1.2500	1.6380	2.3530	3.18200	4.541	5.841
4	0.741	0.941	1.1900	1.5330	2.1320	2.77600	3.747	4.604
5	0.727	0.92	1.1560	1.4760	2.0150	2.57100	3.365	4.032
6	0.718	0.906	1.1340	1.4400	2.9430	2.44700	3.143	3.707
7	0.711	0.896	1.1190	1.4150	1.8950	2.36500	2.998	3.499
8	0.706	0.889	1.1080	1.3970	1.8600	2.30600	2.896	3.355
9	0.703	0.883	1.1000	1.3830	1.8330	2.26200	2.821	3.250
10	0.700	0.879	1.0930	1.3720	1.8120	2.22600	2.764	3.169
15	0.691	0.866	1.0740	1.3410	1.7530	2.13100	2.602	2.947
20	0.687	0.86	1.0640	1.3250	1.7250	2.08600	2.528	2.845
25	0.684	0.856	1.0580	1.3160	1.7080	2.06000	2.485	2.787
30	0.683	0.854	1.0550	1.3100	1.8970	2.04200	2.457	2.750
0	0.674	0.842	1.0360	1.2820	1.6450	1.96000	2.326	2.576

* Valores de t extraidos de tabla originalmente producida por Ficher y Yates, "Statical Tables for Biological Agriculture and Medical Reseach".

** Grados de libertad.

NORMA DE CONTROL DE CONCRETO

	Clases de operación	Coeficiente de variación para diferente control estandar			
		Excelente	Bueno	Regular	Pobre
Variación general de pruebas	Control en obra	bajo 10.0	10.0 a 15.0	15.0 a 20.0	arriba 20.0
	Control en lab.	bajo 5.0	5.0 a 7.0	7.0 a 10.0	arriba 10.0
Variación centro de una misma marca	Control en obra	bajo 4	4.0 a 5	5.0 a 6	arriba 6
	Control en lab.	bajo 3.0	3.0 a 4.0	4.0 a 5.0	arriba 5.0

TAMAÑO MAXIMO DE AGREGADOS RECOMENDADOS PARA VARIOS TIPOS DE CONSTRUCCIÓN

Dimensión máxima de la sección en cms.	Tamaño máximo del agregado en cms.			
	Muros reforzados, vigas y columnas	Muros sin refuerzo	Losas Altamente reforzadas	Losas con poco o sin refuerzo ref.
6.5 a 12.5	1.3 a 1.9	1.9	1.9 a 2.5	1.9 a 3.8
15 a 28	1.9 a 3.8	3.8	3.8	3.8 a 7.6
30 a 74	3.8 a 7.6	7.6	3.8 a 7.6	7.6
Mayor que 74	3.8 a 7.6	15.2	3.8 a 7.6	7.6 a 15.2

Tomado de referencia No. 6

ASENTAMIENTOS USUALES PARA VARIOS TIPOS DE CONSTRUCCION

Tipos de Construcción	Revenimiento (cm)	
	Máximo	Mínimo
Muros y zapatas de cimentación reforzados	12.5	5
Zapatas simples y muros para subestructura	10	2.5
Losas, vigas y muros reforzados	15	7.5
Columnas para edificios	15	7.5
Pavimentos	7.5	5
Construcciones masivas	7.5	2.5

Tomando de referencia No. 6

Printed by Books on Demand GmbH, Norderstedt / Germany